2020 年度河南省软科学研究计划项目"博弈视角下豫西南地区生态环境协同治理机制研究"（项目编号：202400410125）

博弈视角下跨区域生态环境协同治理机制研究

王　冰　著

电子科技大学出版社

University of Electronic Science and Technology of China Press

图书在版编目（CIP）数据

博弈视角下跨区域生态环境协同治理机制研究/王
冰著.--成都：电子科技大学出版社,2020.6
ISBN978-7-5647-7836-1

Ⅰ.①博…　Ⅱ.①王…　Ⅲ.①区域生态环境－环境综
合整治－研究－中国　Ⅳ.①X321.202

中国版本图书馆CIP数据核字(2020)第072396号

博弈视角下跨区域生态环境协同治理机制研究

BOYI SHIJIAO XIA KUAQUYU SHENGTAI HUANJING XIETONG ZHILI JIZHI YANJIU

王　冰　著

策划编辑　　杜　倩　李述娜
责任编辑　　李　倩

出版发行　电子科技大学出版社
　　　　　成都市一环路东一段159号电子信息产业大厦九楼　邮编　610051
主　　页　www.uestcp.com.cn
服务电话　028-83203399
邮购电话　028-83201495

印　　刷　定州启航印刷有限公司
成品尺寸　170mm×240mm
印　　张　10.25
字　　数　190千字
版　　次　2020年6月第一版
印　　次　2020年6月第一次印刷
书　　号　ISBN978-7-5647-7836-1
定　　价　45.00元

前　言

　　近年来，伴随着区域经济的发展，生态环境污染问题日趋明显。大气污染、水污染、工业污染、辐射污染，城市污染、农村污染等等纵横交错，环境问题已经严重阻碍了经济发展。因此，各地方政府在致力于粗放式经济发展方式向集约式经济发展方式转变的同时，也将生态环境治理提上日程。在生态环境不断遭到破坏的条件下，如何有效治理区域生态环境并能够使之与经济、社会协调发展，已经成为一个迫切要解决的问题，也受到国内外众多学者所关注。然而，以地方政府为中心的生态环境治理方式，效果并不明显。因此，各地方政府意识到必须通过生态环境治理方式的转变来寻求更好的解决方案。党的十九大报告中明确指出，要着力解决突出环境问题，建设美丽中国，必须构建政府为主导、企业为主体、社会组织和公众共同参与的环境治理体系。在生态环境治理体系制定的过程中，地方政府、企业、公众等利益相关主体，为了自身利益和目标，展开博弈。

　　为了缓解矛盾和冲突，实现资源的有效整合，本书运用演化博弈理论，对地方政府、企业和公众的多方博弈关系进行分析，探寻区域多元治理主体以资源整合为前提的利益协同，并在此基础上运用协同学理论，构建包括动力机制、形成机制、运行机制和保障机制的区域生态环境协同治理机制，为地方政府实施区域性生态环境多方协同治理提供理论参考。而且，本书在区域生态环境协同治理机制的基础上，提出跨区域生态环境协同治理的现实路径，为有关部门和地方政府制定科学的、针对性强的跨区域生态环境协同治理政策提供实践依据。

王　冰

2020 年 2 月

目 录
Contents

第一章 绪 论

　　人类社会的发展历程是与自然环境不断互动的过程。一方面，自然环境赋予人类生产生活的原始物质基础，人类通过不断适应和改造自然环境以获得生产生活的进步并推动社会的发展；另一方面，自然环境对人类的活动有一定的限制作用，当人们的生产生活对生态环境产生破坏，自然生态便会反作用于人类，因此保护环境成为当前全球范围内的热门话题。我国从 20 世纪 70 年代开始关注环境问题，并随时间推移对环境治理问题的关注日益深入。

第一节　研究背景

　　党的十七大报告明确提出，要"建设生态文明，基本形成节约能源资源和保护生态环境的产业结构、增长方式、消费模式"，使"生态文明概念在全社会牢固树立"。党的十八大明确了推进生态文明建设的总体要求，即"树立尊重自然、顺应自然、保护自然的生态文明理念，把生态文明建设放在突出地位，融入经济建设、政治建设、文化建设、社会建设各方面和全过程，努力建设美丽中国，实现中华民族永续发展"。这个总体要求的核心和实质，"就是要建设以资源节约承载力为基础、以自然规律为准则、以可持续发展为目标的资源节约型、环境友好型社会"，努力走向社会主义生态文明新时代。而在党的十八届五中全会上首次提出了"创新、协调、绿色、开放、共享"五大发展理念，是中国共产党对社会主义现代化建设实践的新举措，能够有力支撑生态文明协同治理体系。党的十九大报告提出"建设生态文明是中华民族永续发展的千年大计，必须树立和践行绿水青山就是金山银山的理念"。这表明当前我国对于环境治理的坚决态度。党的十九大以来，以习近平同志为核心的党中央站在战略和全局的高度，对生态环境协同治理提出了新思想、新论断、新要求，为努力建设美丽中国，指明了前进方向和实现路径。习近平同志指出，建设生态文明，关系人民福祉，关乎民族未来。他强调，生态环境保护是功在当代、利在千秋的事业。要清醒认识保护生态环境、治理环境污染的紧迫性和艰巨性，清醒认识加强生态文明建设的重要性和必要性，以对人民群众、对子孙后代高度负责的态度和责任，真正下决心把环境污染治理好、把生态环境建设好。这些重要论断，深刻阐释了推进生态环境治理的重大意义，表明了我们党加强生态环境治理的坚定意志和坚强决心。生态环境治理是经济持续健康发展的关键保障；生态环境治理是民意所在民心所向；生态环境治理是党提高执政能力的重要体现。

自改革开放以来，我国在政治、经济、文化等众多领域取得了举世瞩目的成就，经济实力显著增强，经济结构快速转型。与此同时，我国大多数省、市、自治区采用粗放型经济发展方式，依托资源优势，大力发展投资规模大、联动效应好、经济贡献率高的重化工业，大量建设了高污染、高耗能及资源高浪费的重工业项目。无序的发展，导致钢铁、水泥、煤化工、电解铝、工业硅等大宗工业品生产能力严重过剩，竞争日益激烈，既浪费了资源，也付出了巨大的经济代价。尽管各地都在污染治理方面做了大量工作，但生态环境改善进展缓慢、效果不佳，给人民的生命安全和生活质量造成了难以挽回的不良影响。在探索发展前进的道路上，由于缺乏以生态优先、绿色发展的理念，传统粗放型发展模式导致跨区域环境污染事故日益增多，生态环境不断恶化，单靠传统的以行政区域为边界的管理方式日趋捉襟见肘。20世纪90年代初，协同治理思想和整体性治理理论开始形成并发展，并呈现出一种全球化的趋势，现逐渐被许多国家的政府运用到实际的治理实践之中。面对政府改革所导致的碎片化、人民民主意识不断增强、公共问题突发频发，政府协同治理模式在不断的实践创新中应运而生。协同治理作为一种创新的治理方式，强调政府部门间关系的有机协同与整合，形成整体性框架，追求实现整体协同的价值意义。

一、全球化持续深入发展的趋势不断加强

在公共管理领域的发展中，对于政府治理与善治这个经典问题的探讨始终从未停歇，如戴维·奥斯本和特德·盖布勒提出的企业化政府，我国学者强调的善治理论等。这些理论思想都是在全球化持续深入发展的背景下产生并不断发展的，

为政府在不断地进行探索适合自身发展的道路上做出了理论贡献。从全球范围来看，政府协同治理逐渐被采纳认可有其特定的背景。整体性协同治理的对立面必然是"碎片化"。20世纪70年代末，新公共管理所倡导的分散化、分权化的思想风靡一时，但却使政府管理陷入了"碎片化"的泥潭之中。学者登力维通过对西方发达国家的公共管理系统的研究证实，新公共管理运动所倡导的思想脱离发展实际，已然衰微。因此，随着全球化的持续深入发展，"整体性政府"成为新的改革趋向。

信息工业革命的到来，促使政府朝着电子化、数字化、信息化方向发展，以此来更好地满足公众对政府提供公共服务的多元化需求。信息技术不仅在各项重大变革中发挥了重要作用，也同样成为公共管理领域发展的中坚力量，成为当代公共服务系统现代化变革的关键。传统的基于行政区划的地方政府治理模式呈现出"失灵"状态，地方政府的理性需求导致生态环境加速恶化的非理性结果。单兵作战的政府治理环境模式已不能同信息化时代的发展相适应，因此，运用跨部门环境协同治理机制有利于强化治理生态环境的速度、信度及效度，地方政府构建跨部门协同式的治理机制必将成为实现地方政府高质量发展、打破地方政府"碎片化"管理模式的具有里程碑式意义的新举措。

二、国内全面深化改革的迫切要求

改革开放40多年来，随着我国全面深化改革的进程不断推进，我国公共问题和矛盾日益复杂化、尖锐化及利益主体多元化是新时代中国地方政府治理中最显著的特征。党的十八大以来，以习近平同志为核心的党中央坚持"五位一体"总体布局，将生态文明建设纳入其中，并将环境污染防治作为三大攻坚战之一摆在了我国发展的重要战略位置，这也成为鲜明的时代背景。从我国的实际情况出发，地方政府均在不同程度上具有"经济人"的特征，经常从其"一亩三分地"的自身利益出发，单兵作战、缺乏互信、推诿扯皮等不协同性问题十分突出。新形势下，环境治理问题不能得到有效解决，很大程度上是由于地方政府始终没有打碎政府单极治理的"旧枷锁"，府际之间、政府各部门之间、政府与其他多元组织之间的共识与协同不仅严重缺乏，且经常受制于各种矛盾与冲突。

党的十九届三中全会作出了深化党和国家机构改革的重大战略部署，"此次机构改革就是要使党和国家机构设置和职能配置同统筹推进'五位一体'总体布局、协调推进'四个全面'战略布局的要求相适应，同实现国家治理体系和治理能力现代化的要求相适应"。坚持机构改革的优化协同高效原则，体现了在加强党的全面领导下，确保机构协调联动、高效运转和避免多头管理、职责交叉模糊的鲜明特征。在本轮机构改革中，把之前分散的生态环境保护职能加以整合，切实推进生态环境保护工作，新组建成立了生态环境部门，对于今后生态环境保护工作的协调、治理等环节具有深刻意义。本轮深化党和国家机构改革的力度、范围和影响都是极其深刻且空前的，强有力地提升了我国各级政府机构的协同治理、高效联动的能力，为实现民族复兴的伟大梦想提供了坚实的制度保障。

三、区域协同发展态势日趋明显

自改革开放以来，我国东部地区率先取得了跨越式的大发展，为推动我国经济实现大发展大繁荣做出了突出贡献。国家为保证各地区协调发展，制定了"西部大开发"战略和"中部崛起"计划。特别是党的十八大以来，以习近平同志为核心的党中央陆续提出了"一带一路"倡议、"京津冀协同发展""长江经济带发展""粤港澳大湾区"建设、长三角区域一体化，均高度体现了区域协同发展成为日益重要的发展趋势。在实施推动国家大的战略规划的同时，对地方政府跨部门间的合作也提出了更高的要求。

第二节　研究意义

良好的生存环境是人民的诉求与期盼，而生态环境是生存环境的重要方面，十八届五中全会更是提出了创新、协调、绿色、开放、共享五大发展理念。面对日益严峻的生态破坏问题，现代化进程中的社会公众也越来越清晰地意识到健康良好的生态环境是公民赖以生存和发展的基础，维护自身生态权益是个人幸福生活的前提条件。党的十八大、十八届三中全会、十八届五中全会都提出："把生态文明建设放在突出地位，努力建设美丽中国。"这既指出了目前我国生态环境问题的严重性和生态环境治理的突出地位，同时指出良好的生态环境是建设美丽中国的前提，是实现社会经济良性发展、提升人民生活质量的必然选择。然而，生态环境治理是一项系统性、复杂性和长期性的工程，既需要政府树立绿色发展理念，正确处理经济与生态环境之间的关系，实现绿色执政和绿色治理；也需要企业勇于承担社会责任，坚持绿色生产，降低能源消耗率，坚持"谁污染、谁治理"的原则；同时还需要全社会倡导环境文化和生态理性，坚持绿色消费方式和绿色生活方式。本书从区域生态环境协同治理的视角切入，是美丽中国建设的重要内容，其理论意义和应用价值昭然彰显。

一、理论意义

在研究内容方面，结合当前地方政府环境治理的现状，以及在此轮深化党和国家机构改革的潮流中，地方政府如何进行归口协调整合、实现环境有效治理，将协同治理理念运用到地方政府环境治理之中，对于进一步丰富和完善地方政府治理的有效性和针对性提供了坚实的理论基础。

在研究框架方面，结合正处于全面深化改革之中的我国地方政府的最新发展动态，针对在实践中反馈的现实问题，不断丰富和完善地方政府环境协同治理的理论框架，总结出科学系统的地方政府环境协同治理的有效路径。从理论层面而言，将对地方政府环境协同治理具有关键性的理论指导意义，进而提高了我国行政体制改革的研究理论层次，积累了我国行政体制改革的理论经验。

而且，基于协同学视角，深入分析如何由多目标间的"顾此失彼"向多目标间的协同优化转变，由固定流程管理向全生命周期协同治理转变，由组织的各自为政向跨组织利益整合转变，有助于解决区域生态环境协同治理模型的实用性和适应性问题，为提高区域生态环境治理效率提供一套可操作的便捷的方法和工具。

二、现实意义

第一，有利于构建系统完备、科学规范、运行高效的地方政府职能体系。这将在体制机制方面实现新的创新和突破，为今后地方政府各项工作的开展打下了良好基础、建立了有力支柱、形成了高效架构。从中国地方政府环境治理的实践出发，在多元主体参与的现实中，对地方政府环境治理的协同机制展开探究，既有利于提升我国地方政府治理能力，又必将进一步促进我国治理体系和治理能力现代化。

第二，本书以地方政府环境治理的现状为依据，指出了地方政府环境协同治理中存在的缺陷，深入分析缺乏协同机制的深层原因，进而指导地方政府如何进行环境协同治理路径的选择，有利于实现地方政府的治理目标及提升地方政府治理绩效。因此，对于地方政府环境协同治理的实践活动具有现实指导意义。

第三，有利于协同治理理论与中国地方政府治理实践相结合。众所周知，协同治理理论发源于市场经济体制发达的西方国家，其在意识形态领域与我国有质的差别。因而在我国地方政府治理的实践中运用该理论时，难免有人会持一种怀疑与观望的态度。本书以协同视阈下的地方政府跨部门环境治理为切入点进行深入研究，有利于发掘协同治理理念与中国地方政府治理的完美契合点，并进一步扩展治理理论的深刻内涵。

第四，尝试运用权力、政策法规、文化、技术与方法等多种协调手段，通过对机制、方法、技术、模式的有效融合，初步形成区域生态环境治理的协同机制，供有关部门和地方政府在制定区域生态环境治理战略时参考借鉴，帮助他们增强战略制定的科学性和针对性。

第三节　研究内容与方法

一、研究内容

本书从地方政府、企业与公众之间的利益博弈关系出发，探讨以协同治理为目标、绿色发展评价为基础的生态环境协同治理动力形成机制，对生态环境治理资源的整合与配置的生态环境协同治理运行机制，对生态环境治理中各方利益进行协调的生态环境协同治理保障机制，并构建区域生态环境治理机制，最终找到解决跨区域生态环境协同治理的现实路径。具体研究内容如下：

第一部分，绪论。本部分通过对国内外影响力大的期刊和文献进行查阅，有针对性地对生态环境治理领域专家论文进行研究，并结合国家生态环境治理相关政策，选定区域生态环境协同治理作为研究对象，分析研究目的与意义。

第二部分，文献综述。本部分对国内外相关文献进行梳理，找到本课题的创新之处。

第三部分，相关概念与理论基础。本部分通过生态环境相关概念，协同治理相关理论、利益相关者与博弈理论，为环境协同治理提供理论支持。

第四部分，我国生态环境治理发展历程及国外生态环境治理经验。本部分描述我国生态环境治理发展历程，并通过国外生态环境治理经验，为了解我国生态环境治理现状以及我国生态环境协同治理提供实践经验。

第五部分，跨区域生态环境协同治理的现实困境及成因分析。本部分通过对我国跨区域生态环境污染的现实状况进行调查，探讨地方政府、企业和公众在跨区域生态环境治理中的困境，并分析其成因。

第六部分，跨区域生态环境协同治理利益主体界定及其博弈分析。本部分首先对跨区域生态环境协同治理的利益主体进行界定，在此基础上分析跨区域生态环境协同治理中的利益博弈关系。通过博弈模型构建、计算博弈均衡解，并分析地方政府、企业与公众之间的静态和动态博弈关系。最后分析生态环境协同治理的多区域博弈。

第七部分，博弈视角下跨区域生态环境协同治理机理分析。本部分主要分析跨区域生态环境协同治理的理念架构、协同治理的主体结构、协同治理主体参与动因以及跨区域生态环境协同治理的结构网络。

第八部分，博弈视角下跨区域生态环境协同治理机制分析。本部分主要分析跨区域生态环境协同治理的动力机制、形成机制、运行机制和保障机制。

第九部分，博弈视角下跨区域生态环境协同路径及治理对策分析。本部分从地方政府、企业、公众的角度，探讨跨区域生态环境治理的协同路径，并提出跨区域生态环境治理的对策。

二、研究方法

（一）文献研究法

占有大量而丰富的文献材料是论文写作的重要基础。通过查阅、搜集多种相关文献资料，对各种论述进行了归纳总结后，结合自己对问题的理解、研究，提出合理观点、论述作为论文的支撑。针对我国地方政府治理、协同治理、国家治理现代化等方面搜集相关的文献、学术著作、研究成果报告、党和政府的相关文件及有关统计资料，并梳理、归纳出具有价值的理论观点和带有共性的问题，作为论文研究的理论基础，结合研究思路，为地方政府协同治理提出可行性路径。此外跨区域环境污染治理研究涉及经济学、环境学、公共管理学等多个学科，相关的案例和资料比较丰富。本研究通过对已搜集掌握的国内外有关跨区域环境污染治理的文献资料的整理和分析，深入了解了国外的发展趋势以及国内省市的研究动态，广泛搜集有关跨区域环境污染、生态环境破坏、污染的治理等跨区域环境问题的研究及政府合作相关研究的文献资料，为本研究提供了坚实的史料基础和理论支撑。

（二）系统分析法

以整体的眼光对文章各个部分的各个要素进行分析和整合，并注意对各个要素之间关联性的分析。本书的研究将地方政府治理的过程看作一个整体性的系统，将地方政府治理中包含的具有协同关系的多个主体看作子系统，着眼于整体与部分的协同价值功能，以子系统的协同整合来推动整个系统的持续发展为分析基础，构建出协同视阈下地方政府治理新模式。

（三）比较研究法

协同治理理论既然发源于西方国家，因此可以对该理论在西方国家的实践情况、共性特点及适用范围进行总结，并结合东西方的差异和我国地方政府治理的实践进行对比分析，以期来为构建我国地方政府协同治理机制提供参考和借鉴。此外，从全球范围来看，跨区域环境污染治理发展现状存在着很大的差别，如日本、欧洲等发达国家在这方面发展较早，且比较成熟，虽然我国在近几年对环境问题非常重视，但与发达国家相比还存在一定的差距。本研究希望通过中西方发展情况的对比，分析、归纳和总结出发达国家的成功经验，寻求有助于实现我国地方政府对跨区域环境污染治理的基本思路。

（四）调查访谈法

在对区域生态环境协同治理现状问题深入了解的基础上，总结出区域生态环境协同治理办法。为了更客观地了解我国跨区域环境污染治理面临的现状，以及提出更好的解决跨区域环境污染治理的对策建议，本书采用调查访谈法，对环境监管机构的政府相关部门负责人、工作人员进行了全面的访谈调查了解，对部分环境科学研究机构的专家学者也进行了走访调查，获取了大量的有价值的信息，为本研究提供了准确、可靠的第一手研究资料。

第二章 国内外研究现状概述

第一节 国外研究现状

随着生态环境在全球不断恶化，生态环境治理成为世界各国实现可持续发展的重要课题，国内外学者纷纷投入到研究如何有效实现生态治理的研究中来。国外关于生态环境治理的文献，主要从协同治理、生态环境治理、生态环境协同治理、生态环境治理路径和生态发展模式等方面入手，进行研究。

一、关于协同治理的研究

治理理论的研究最先始于西方国家，源于西方福利国家为了解决发展危机而重新审视政府角色、定位政府职能的背景。20世纪90年代，公众的自治意识逐渐强烈，企业、志愿团体、社区组织等社会自治组织快速发展壮大，从而在治理理论下衍生了协同治理理论。

协同治理理论是从治理理论分支出来的，它重新审视了政府与市场、政府与社会的关系。治理理论认为在公共管理体系中，政府不是唯一的治理中心，除政府外还存在其他治理主体，如企业、志愿者团体、非政府组织、社会公民等，这些组织与政府之间相互依存，有着共同的目标和利益，通过自发自愿、彼此协商、相互合作的形式对公共事务进行共同管理。协同治理理论则强调除了政府这一治理中心之外，地方政府与地方政府之间、政府与企业、政府与公民、政府与社会组织之间存在共同协商、共同合作治理的关系。

当前，学术界尚未统一协同治理的概念，对该概念的认识仍然存在不够规范、不够深入的现象。部分学者将协同治理与治理混为一谈，更有少数学者认为协同治理等同于治理，仅为治理的另一代名词，对治理的认识局限于现有的治理理论。关于治理的定义及内涵，主要的观点有意思啊

罗西瑙认为治理是处理一系列事务的规则体系和管理机制，除了政府机制外，还包括非正式、非政府的机制。治理范围的不断扩大使得越来越多的非政府人员和非政府组织参与到治理中来，和政府一样，他们借助这些机构追求自身的利益，实现自身的愿望。虽然它们未经正式的授权，但能有效运作，在各项事务的治理中发挥作用。与统治不同的是，治理有着明确的共同目标，治理主体除了政府之外，还包括非政府组织，不需要借助国家的强制力也能正常运转。

罗伯特罗茨认为治理改变了统治的意义，这是一种不同以往的新的统治过程，它改变了以往有序的统治状态，将以一种新的方式来管理这个日渐复杂的社会。他列举了治理的六种不同的用法：作为最小国家的治理；作为公司治理的治理；作为新公共管理的治理；作为"善治"的管理；作为社会—控制系统的治理；作为自组织网络的治理。

阿尔坎塔拉认为，当前学术界缺乏关于"治理"的权威的定义，甚至到了乱用、滥用的地步，致使治理理论在产生之初就广泛传播及运用于不同的学科，如政治学、管理学、经济学甚至社会学。不同学科的学者在运用治理理论研究不同问题时，给"治理"冠以了各具学科特性的定义。然而，值得一提的是，尽管不同学者对"治理"的定义各不相同，但仍然存在许多的共同点。就如阿尔坎塔拉所认同的："治理"从本质上来说，是一个不同于以往的管理过程，治理不具备管理的政治性和强制性，它以多元治理主体为基础，以其共同利益为核心，通过协商和合作的形式，一起制定和实施计划，从而达成一致的目标，实现各自利益。

在对现有的各种治理概念分析整合后，威格里·斯托克（GerryStoker）提出了五种治理理念。包括：①治理意味着一系列来自政府但又不限于政府的社会公共机构和行为者。它对传统的单一政府主体提出质疑和挑战，认为应该包括公民、企业、社会组织等多元治理主体。②在为社会和经济问题寻求解决方案的过程中存在着界限和责任方面的模糊。公共事务涉及范围广，治理时容易出现界限模糊、分工不明确、责任不清晰等众多问题。③治理明确指出在涉及集体行为的各个社会公共机构之间存在着权力的依赖。在参与治理的多元主体当中，存在着彼此依存、相互合作的关系。④参与者最终将形成一个自主网络。该网络拥有一定的自主权利，在特定的领域和事件中，可以自主发布号令，能够与政府协商合作，承

接政府的管理职责。⑤办好事情的能力不限于政府的权力，不限于政府的发号施令或运用权威。

除政府的强制性权利可以发布施令办好事情外，其他多元治理主体也能运用自身财力、物力、号召力参与公共事务的治理。不同的西方学者对"治理"的定义各不相同，但总的来说，由全球治理委员会于1995年发表的《我们的全球伙伴关系》一文中所给出的"治理"的定义更具有权威性、可靠性以及高度的认可性。它把"治理"定义为各种公共或私人机构运用多种方式共同管理事务，并通过协商使得不同治理主体之间的矛盾、冲突以及不同的利益得以调和，共同采取措施以达成目标、实现利益的过程。

在世界范围内，志愿者、公民运动、企业、非政府组织的种种活动都在治理范畴内。它具有四个特征：①治理不是规则条例，也不是一种活动，而是一个动态的过程；②治理过程以协调为基础，而不是具有强制性的控制和支配；③治理不仅包括公共部门，还包括了私人部门；④它并非一种正式的制度，而是持续的互动。总的来说，将上述学者和全球治理委员会给出的治理的定义结合起来，尽管定义的重点不尽相同，但学者们已经意识到一个相同点——在治理众多的社会公共事务时，仅仅依靠政府的力量是远远不够的，传统的"单打独斗"模式使得政府"心有余而力不足"，而治理理论则恰好强调多元主体治理，提倡多方力量共同协商、集体行动。简而言之，治理注重公共事务参与者的多样性。在公共领域中，除了传统的政府主体外，还包括了公民、市场、社会组织等主体。治理的社会基础在于政府、市场、社会之间建成良好的合作关系，各主体之间是平等互利的合作伙伴关系。权力的运行方向从原来的政府"自上而下"到"上下互动"，通过平等的协商达成合作关系，明确各主体间的目标和利益，共同对公共事务进行管理。

二、关于生态环境治理的研究

合作治理理论在环境治理中得到了很好的应用，是最具代表性的合作型治理实践之一。近年来，环境污染问题愈演愈烈，环境治理已然成为令政府焦头烂额的问题，因此，在公共管理学科中，悄然掀起了合作型环境治理的热潮。然而，合作治理在公共管理学科中并没有确切的定义。参考柯克·爱默生(KirkEmerson)对合作治理的概念，本书认为合作型环境治理是为了解决复杂的环境治理问题而由跨区域的众多的利益相关者成立的彼此相互依存的合作伙伴关系，他们以友好协商、合作共赢的方式参与环境治理问题。总体而言，合作型环境治理在四个方面与以往传统的环境管理存在差别：第一，从本质上讲，合作型环境治理是通过多元主体之间平等协商、相互合作得以实现；第二，合作型环境治理的目的是实现多元主体之间的共同目标和利益，其过程往往包括各主体建立共识、协商方案、实施行动等环节；第三，各主体协商制定的制度是其合作的规范和准则；第四，治理过程中的主导权、决策权不再是仅仅局限于政府，而是以合作内容为中心，在各主体之间重新分配。

草根治理在涉及范围较小（如农村、城镇、社区等）、治理相对简单的地方环境问题上起了较为重要的作用。它打破传统的"自上而下"的治理模式，而是由公民起主要作用的"自下而上"的一种治理模式，是公民对于政府监管失败而做出的行为。公众和非营利组织是草根治理的主要参与者。政府不再是主导者，而为这一行为提供资金和信息，起着"支持者"的作用。在地方社区倡导积极、健康的社会观和环境价值观是草根治理活动的主要目的。在这一治理过程中，利益相关者大多源于本地社区，因此，草根治理在社会资本上有着较大的优势。社会资本在草根治理中扮演着合作的输入和合作的结果的双重身份，直接决定着合作伙伴间人力、知识、财务等资本的获取。草根治理通常通过草根合作举办论坛，吸引多方主体对环境问题进行探讨、协商，为公众参与环境问题提供平台。

三、关于生态环境协同治理问题及路径的研究

西方国家历来重视环境管理，在体制上形成了跨区域管理、多方协调机制。环境问题涉及范围大，牵涉利益多，存在复杂性、整体性，导致其不能局限于由单一范围内的单一主体解决。因此，环境问题都成了许多国家和地区极其重视的问题之一，并为此做出了诸多的探究和摸索，不断制定和完善相关的政策和制度。水污染、大气污染的跨区域治理是环境污染跨区域治理中较为成功的案例。

在环境污染跨区域治理方面，美国和德国是联邦制国家中较为突出的代表国家。在环境监管上采取分权式，有利于各地方政府依据实际情况，因地制宜地制定环境标准。美国的环境管理体制分为联邦和州。在联邦层面上，联邦环保局总管全国的污染预防和治理工作，共有12个主管部门和10个地方分局，地方分局在协调州环保局和联邦环保局关系，各地方政府和环保局关系中起着至关重要的作用。在地方层面上，州环保局是治理环境污染的主要部门，各州在环境治理上有着较大的自主权。各州环境管理独立存在，不从属于联邦。州环保局在治理环境问题时主要依据本州法律，与联邦环保局合作时则依据联邦法律。上述的10个

地方分局是联邦环保局与州环保局协同治理的关键所在。据数据显示，在美国，环境执行、环境监测数据、监督工作主要由州来进行，分别占90%以上、94%、97%。在水污染治理上，跨区域监管机构起着不可或缺的重要作用。自1992年起，在跨区域水污染治理问题上，已有至少8个相关的国际公约。跨界水污染历来都受到极大的关注。早在1950年，"保护莱茵河国际委员会"便成立了，主要目的是保护和改善莱茵河水质，清理河中有害有毒物质，保证莱茵河生态系统的可持续发展。该委员会的组成成员既包括由政府和非政府组织组成的观察小组，也包括专业的技术小组和协调小组。在法国，法国政府把全国划分为6个流域区，并在每个流域区设立一个专门的水流域管理局，以此来保护水资源，治理水污染。在大气污染防治方面，也同样成立了跨区环境监管机构。美国的跨区环境监管机构主要分为州内跨界和州间跨界。1976年，加州政府在南海岸设立了大气质量管理区，下设立法、执法和监测三个部门，是跨界合作的关键所在，主要与地方政府和其他非政府组织、企业、志愿者等共同协商制定、共同实施跨区域合作计划。在州与州之间，美国还建立了不同的跨州管理机构，以此应对各种化学污染物等。

美国第四十五任副总统艾伯特·阿诺·戈尔的《濒临失衡的地球》指出环境危机从根本上来说就是现代文明和生态系统之间的冲突，并指出，人类拯救环境成功与否，很大程度取决于保护环境的意识是否觉醒，并由此提出了控制人口规模、开发环境技术、修改经济运行规则等以拯救环境为目标的"全球环境马歇尔计划"。Schneider的《兼顾社会公平与生态平衡的经济增长》从经济可持续发展的角度，认为应该转变经济增长方式，将人类活动控制在生态极限范围内，在提升人类福利水平的同时促进生态可持续发展。Schroeder通过对中国环境治理的有效性进行分析，提出可持续发展需要"自上而下"与"自下而上"相结合，既要发挥政府的力量，也要发挥公民、社区、企业的力量。Aldashev等从产业结构的角度研究非政府组织对产业结构和产业均衡的影响，指出通过环保运动、舆论监督等方式对企业进行监督，可以将社会责任融入企业生产经营活动中，实现负外部性的内部化，从而提出了产业结构调整和转型的生态治理实施路径。Geel等从转变生产方式的角度，通过研究社会系统和人类生活方式的可持续性，提出企业技术创新可以实现生态可持续发展。Lorek和Spangenberg从转变消费模式的角度，指出人类既是参与经济活动的消费者，也是承担生态环境责任的生态公民。Russell·Smith从构建生态制度体系的角度，提出掌握公众需求，使环境政策目标与公众愿景相一致，能够提升公众对环境法律法规的认同感，提升环境政策的有效性。

四、生态发展模式的研究

Preston 从产业组织模式的角度，指出将开放的生产系统转变成可重复利用资源和节能生产的系统，发展循环经济，是生态发展的一个可行模式。Messner 等从社会、技术、文化等视角对生态发展模式进行研究，提出了加强绿色低碳技术创新和提高资源利用率，使碳排放量和生态环境成本最小化，是实现生态发展的重要途径。Gendron 等从降低对生态环境影响的角度研究产品的生产和使用，提出要发展绿色经济模式，将环境绩效作为企业进入经济市场的评价标准。

第二节　国内研究现状

近年来，特别是进入 20 世纪以来，我国资源环境问题日益突出，过度消耗环境资源带来的负面效应，严重影响了社会经济持续发展。随着我国经济社会的飞速发展以及公民意识的觉醒，社会对于生态治理的关注度越来越高，越来越多机构、学者开始基于中国国情，研究生态环境治理，主要从以下四个大方面进行研究。

一、协同治理的研究

我国学者主要从协同治理的产生背景、国内外不同学者对其的概念界定等方面对协同治理进行研究。例如，学者刘晓对协同治理的产生背景做出了如下解释。社会主义市场经济体系在我国的建立和快速发展，使得政府这一传统的行政治理主体不再处于垄断和绝对领导地位，并时常出现治理无效现象。随着产生了多元主体共同参与到公共治理中来，为我国的公共事务的处理提供了新选择、新视野。

李辉《善治视野下的协同治理研究》（2010）认为，协同治理是指多主体通过平等协商、通力合作，形成彼此依存、共同行动、利益相关、多方共赢的关系，实现最大化的公共利益。

俞可平《重构社会秩序走向官民共治》（2012）认为，协同治理往往是由政府与社会组织、企业、公民合作的，本质上来说，这是政府与公民共同管理公共事务，通俗来说，就是官民共治。

王宏波等《社会治理是系统的社会工程》（2015）认为，在公共事务的治理中，应大力引进协同治理理念，以此打破政府单一的主导和决策地位，减少甚至杜绝政府的非理性行为和自利行为，倡导非政府组织、企业、公民等利益相关者都能参与到其中，共同协商、共同行动，最终实现利益共享。

吕丽娜《区域协同治理：地方政府合作困境化解的新思路》（2014）认为，全球化与区域经济一体化为区域合作提供了发展平台，近年来取得了较好的成绩，同时也出现许多问题。传统的政府主导模式和多元主体参与的公共服务市场化改革模式都不可避免地存在弊端，而两者之间需要较长时间进行借鉴和融合。政府主导模式往往会出现"搭便车"现象，"寻租"现象；市场化改革模式则伴随着成本增加、忽视公共利益等问题。针对两者弊端，就需要取长补短、相互学习借鉴，不断尝试，为区域合作寻找新思路、新方法。在实施协同治理的意义上，大多数的学者认为能够实现公共事务"1+1>2"的效用，因此，协同治理模式当之无愧地成为现代治理模式中的理想模式。

吕志奎等（2010）对我国多个市地的污染治理行为实施了深度研究探索，之后强调协作性的公共管理模式体现了跨区域、跨机关的鲜明特征，且依据五个基本维度而构建，即互惠互利、通力协作、协作方法、提供公共服务、建立公共责任与义务履行制度等等。

一些学者还对这种协作机制的具体内容实施了深度研究、探索，认为整个协作内容是让利益相关各方积极参与约定协商、共同决策，进而保证公共环境保护成效的最大化实现。陈琳（2010）认为，在推进协作性治理的过程中，主要的影响因素有权力资源系统的不对称、参与治理的动机、可能存在冲突、领导或者部门之间的协作、认知与信息互通共享等等。

马晓东等（2013）在研究、论证中，还对一些先进国家、地区广泛采用的Gash、Ansell两种协作治理模型中的协作条件、制度与内容规划、领导决策能力以及协作流程等变量因子实施分析、梳理，并就如何构建具有我国国情特点的跨区域污染治理协作机制提出了对策。一是对协作共治的价值意义给予明确，二是地方领导人之间充分树立协作意识，三是健全完善约定协作制度，四是坚守诚信。

麻国斌（2013）则强调，其实这种治理结构的中心，即将国家的治理权力从国家拥有进而向地方甚至社会相关各方充分下放，其也是政府转变服务职能的重要体现，主要方式是政府与政府之间相互分权、约定合作，社会民众充分参与、采用市场化的运作，并由第三方机构充分介入。其中最为关键的是政府与政府之间的相互分权、约定合作。他认为，当前我国在推进协作性治理的过程中存在很多瓶颈性问题，诸如地方政府的职能权限定位不够清晰，社会民众的参与意识不强，国家和地方政府的分权导致了整体工作的难以协调。因此我国在协作治理机制的推进中，不但要高度强调地方政府的主导作用，还要充分树立多元治理理念，并实施市场经济手段以及合理调整的立法制度，进而促进治理成效的最大化实现。

二、生态环境治理研究

黄爱宝在《生态善治目标下的生态型政府构建》（2016）中提出要建设生态型政府，依据善治理念，形成政府与社会、政府与公民共同管理公共事务，实现保护生态环境的最终目的。

张舒维《生态文明建设视域下政府生态环境治理研究》（2016）认为，根据我国现阶段的生态环境和相关政治形势和国家战略，要不断改变传统观念，优化生态环境管理机制，打造多元主体参与的治理模式，为生态环境治理提供新方法、新思路、新参考。

陈健鹏等（2013）在实施多项实证化研究的基础上，强调伴随我国经济建设新常态的推进，在氨氮排放、化学需氧量、二氧化硫、粉尘烟尘等污染物的排放量上已经呈现日趋下降的明显态势，且城市地区的污水与垃圾处理机制也得到了全面规范，但是农村地区的治理成效明显不够，如镇村垃圾、污水等基础处理设施严重匮乏、在环保投入上与城市地区相比明显过低，而且政府行政机构对生态环境的监管力度需要全面加强，只有解决了这些问题，我国的环境保护工作才能平衡推进、富有成效。

张纯元（1993）在研究探索中强调，我国当前环境污染问题仍然没有得到很好的治理，如污染明显超出生态环境的承载能力，整个生态环境出现严重失衡。再如产业经济对自然资源的开发、利用，也对整个生态环境尤其是不可再生资源带来了严重损害。基于此，当前在公民群体中充分树立环境保护理念已经刻不容缓。而要实现环保观念的优化、升级，必须应用持续发展理论来替代以前的传统发展观念，应用全面效益理念替代原来的经济效益第一的行为观念，进而通过科技创新、经济结构调整等机制促进自然生态的净化、安全。

唐林霞等（2015）在研究探索中强调，目前我国在环境污染的治理上，应该充分考量经济建设的增量增长、城镇化大力推进以及现行立法制度和环境税制不够完善等因素，进而通过全面完善促进跨区域的协作治理，为我们的社会提供一个清新怡人的生态环境。他们还就我国促进我国环境治理机制的优化、升级提出了对策建议：一是制定更加合理的城乡发展规划，构建市场化、城乡一体化的环境保护制度；二是积极构建绿色、低碳资本开放市场，从而调动各方面的力量，积极参与生态环境的保护。

三、生态环境协同治理问题和对策研究

李汉卿（2014）在研究探索中强调，目前我国在生态环境保护上其实存在全局性的瓶颈性问题，而并非是局部性的问题，但是各个地区目前在保护环境上仍然各自为政，因此当前促进各个地区之间的通力合作、统筹协调，已经显得急不可待。这就要求要科学构建组织架构，建立更加合理的区域补偿、资源价格、环境税制等制度，对整个环境保护机制实施全面的改革创新，进而构建出各方、各部门联袂协作、优势互补的污染治理协作机制。

田仕兵（2013）在研究探索中强调，一个区域环境保护与污染治理，必须依靠不同行政区划的政府协同才能获得最大成效，但当前在推进中阻力不小：其一，地方政府出于财税收入、经济发展甚至是个人政绩最大化的目的，往往实施地方保护主义，进而怠于履行协同治理责任；其二，在协同治理的监督、约束上相当乏力，在污染信息上难以实现互通共享，一些政府机构和公司难以诚实守信，经济利益分配以及补偿机制不够健全，立法制度不够完善。基于此，当前应该应用跨区域合作协议的约定签署，污染信息的互通共享，实施更加科学的政府绩效考核，通过修法明确规定政府、公司的法定环保义务，将环境污染收费改为污染税等等，来促进协同治理机制的更加完善，进行实现污染治理成效的最大化实现。在这个过程中，还要积极构建环境保护基金、建立更加的生态补偿机制，从而为推进地方政府之间的通力合作打下坚实基础。

耿露《生态文明建设的协同治理研究》（2016）认为，目前生态环境协同治理主要存在以下三个方面：政府职责转变缓慢；非政府组织、企业、公民等主体参与热情不够；各利益主体存在利益纠纷。

周鹏《区域生态环境协同治理研究》（2015）认为，多元主体共同参与到生态环境协同治理中，有利于形成最大化的行动者博弈。这场博弈包括目标协同、利益协同、全生命周期协同等内容，一定程度上可以限制权力和资本盲目"发展"，最终实现公共利益最大化。

国内近几年关于生态环境协同治理的研究认为，生态环境治理不再仅仅依靠政府作为单一的治理主体，而是向政府与民众互动作用下的协同治理模式转变（张敬苓，2019）。而且，生态治理要取得扎实成效离不开广大公众的积极参与（赵志

强，2019）。然而，公民生态认同的缺失，使得公民参与生态治理陷入困境（唐玉青，2019）。要破解这一困境，必须推动公民生态治理社会化，并通过多元主体间的合作融合提高生态治理的整体效能（董珍，2018）。

四、生态治理模式与机制的研究

第一，关于生态环境治理模式的研究。杨宏山、周昕宇（2019）认为，生态环境协同治理的组织模式具有多样性，彼此之间不存在优劣之分，需要考虑地方政府之间的资源依赖性及跨域合作的紧迫性，根据具体情境选择恰当的合作模式。郭雪慧、李秋成（2019）认为，要做好环境协同治理，需要环境协同立法，协调推进区域生态环境司法合作的新模式，构建多元化的主体协同治理模式与环境协同治理基金，建立区域环境信息共享平台，着力建设区域环境协同监测与监督制度，构建利益协调与利益补偿与环境协同治理的长效机制。李寒娜（2019），通过构建基于夏普利值法的区域协同治理利益分配模型，得出当地政府、环境敏感型企业、社会公众作为不同主体在进行环境治理时需承担之费用的比例。

第二，关于生态环境治理机制的研究。包瑞生（2019）认为地方政府面临着治理动力不足的困境，要改变这种困境，就要构建基于政府、市场、社会"三位一体"的生态治理动力机制，并构建包括引力机制、压力机制和推力机制的区域生态治理动力机制模型。何寿奎（2019）认为应构建生态环境治理与绿色发展协同机制，从组织制度、价值协同、市场机制、成本分担与利益分配维度，构建区域政府组织、政府与企业、政府与社会公众、不同企业之间的环境治理与绿色产业发展多元协同共治动力机制。景熠、敬爽、代应（2019）认为，污染治理能力、上级政府支持和公众支持对协同治理的"形成"有显著影响，治理主体信任程度、大气污染治理能力、预期收益、公众支持对协同治理的"维系"有显著影响，应对推进区域大气污染协同治理进程建立长效机制。

第三节　国内外研究述评

对于生态环境协同治理相关的研究，国外主要涉及关于协同治理的研究，重新审视了政府在环境治理上的作用，打破了政府"单打独斗"的局面，为多元主体参与、多地方合作上提供了理论指导和支持。治理理论起源于国外，国外关于这方面的研究是较为成熟的。国外关于环境治理方面的研究也颇为丰富。

（1）研究对象大多局限于局部范围和单一的河流、植被等主体。范围狭小，研究主体单一，缺乏整体性、全局性。同时，对现有模式的研究并不随着时间推移和外部条件变化而变化。此外，较少研究预防问题和源头治理问题，导致人们不注重"防患于未然"，也不够重视源头治理。

（2）研究成果割裂生态改善与环境保护。生态环境的治理是一个长期性的过程，而不是靠简单地植树造林、清理湖泊就能完成，这是狭隘的、片面化的治理。简单来说，环境保护就是治理污染。治理的范围应该包括所有影响其生长、发展的自然环境因子和社会环境因子，具有整体性和系统性，需要用战略思维和长远眼光来看待。

（3）生态治理研究停留在表面。生态治理并非可以在短期内靠部分人完成。目前，已有许多机构和学者对其进行研究和探讨，但还未形成真正意义上的理论体系和技术体系。

总体而言，国内外针对生态环境治理理论、模式和路径都进行了充分的理论和实践研究，对于生态环境治理理解，逐步从单一的政府主导治理研究转变到政府、市场、公民共同参与治理的研究，从而为生态环境治理提供较为清晰和可行的方法和路径。

本书在前人研究成果的基础上，重点聚焦在多方博弈视角下，结合区域生态环境治理的实际，从地方政府、企业和公众角度分析跨区域生态环境协同治理的现实困境及成因，并借鉴国内外先进地区的经验，分析各利益主体参与区域生态环境治理的博弈关系，在此基础上探讨跨区域生态环境协同治理的机理和机制，最终找到跨区域生态环境协同治理的实现路径和对策。

第三章　相关概念及理论基础

第一节　生态环境相关概念

一、生态环境

20 世纪 50 年代初，"生态环境"就被作为学术用语沿用至今。最初由俄语和英语转化而来，属于"外源和多元起源"词汇。早期，以 Whiuaker 为代表的英国学者提出了以下观点："生态环境主要是指描述了特定的物种在对其周围不同的环境变量的一种表现在整体上的反应，在物种的生长发育和进化过程中，起着重要的作用，是其最基本的一个条件。"

我国学者李博也同样认为："在特定自然生态环境中，对生物生长发育等有直接或间接影响的各种不同的环境要素称为生态因子，而构成生物生态环境的要素就是包括所有的这些生态因子。"

据此，本书对生态环境做出了如下阐述：生态环境是指水资源、生物资源、气候资源、土地资源等资源数量和质量的总称，是关系到自然和社会发展的综合生态系统。生态环境主要是由生物群体以及非生物群体组成的，生态环境中的各种条件都会直接地或者间接地对人类社会的生存和发展产生一定的影响，这种影响可能是长期的，也可能是短期的，甚至可能是潜在的。它是一个由该区域范围内的自然环境因子和社会环境因子结合组成的综合系统，这个系统对区域内所有生物的生长、繁衍、灭亡都起着至关重要的作用。

二、区域生态环境

（一）区域生态环境的界定

早些年主要以赫特纳为代表的区域学派对近代区域概念的发展起着重要的和关键的作用，该学派认为："地理学就是区域特定范围内各种地表现象的结合，应该把自然现象与社会现象结合在一起，研究特定区域范畴内的总特征。"至此后，关于"区域"概念的研究不断发展深入，其概念不断得到延伸，并在后来的时期衍生和分化出不同的地理分支学科。

知名学者钱学森打破狭隘的地理范畴，提出了"区域"这一创造性的新概念。他认为，地理学不能局限于研究表面上的地理事物，地表既包括生态环境等自然因子，也包括政治、经济、文化等社会环境因子，它们之间是相互影响、相关作用的密切关系，形成一个开放、复杂、完整的地理系统。

根据影响范围的大小以及"地理空间范围"这一标准，可以对区域生态环境做出宏观、中观和微观三个层次的划分。从"宏观"层面上来讲，区域生态环境是指生态环境系统具有全球范围内的影响范围；从"中观"层面上来讲，区域生态环境是指生态环境系统的影响具有跨区域特征，而不局限于单个行政区，各行政区之间相互影响；从"微观"层面上来讲，区域生态环境的影响范围相对狭窄，其生态环境系统具有一定的独立性和封闭性。

（二）区域生态环境的特征

总体而言，区域生态环境具有如下一些特征。

1. 整体性

从表面上看，生态环境所指的水资源、生物资源、气候资源和土地资源等都属于自然系统，但是它们之间以及它们和社会系统之间又是整体性很强、关联度很高的。首先，自然资源之间具有极强的关联性，水资源、生物资源、气候资源等自然资源之间都是有密切关系的，它们之间的影响都是相互的、连带的、互为条件的，其中某一种资源的受破坏都会对其他的资源系统造成破坏。其次，自然资源必定会涉及相应的社会系统，例如，对水资源的治理就涉及水流上、中、下游河道的治理系统，生物资源、气候资源等也一样，其污染、治理所产生的影响都是整体性的。所以，通过分析区域生态资源的整体性，就要求对生态环境的治理必须从区域出发、从整体出发、从整体的利益出发，从而致使整个区域的生态环境都得到很好的治理。

2.复杂性

区域生态环境具有复杂性。首先，生态系统本身有其存在、生长、发展的规律，这种规律是存在于自然界的，又是极其复杂的。随着人类科学技术的发展，我们已经探索出了很多环境发展的规律，但是对于整个大自然而言，这只是极小的一部分，还不足为我们的环境治理提供充分的意见指导。例如，生态环境规律的不可捉摸性，决定了其治理绩效评价体系的难以制定。绩效是管理用来评价最终效果和产生激励的重要因素，生态环境的复杂性使得绩效的制定成为难题。其次，生态环境具有反复性和长期性。生态环境与一地的气候相关，而气候是多变的。另外对生态环境的治理也不是一劳永逸的，需要社会持续和全方位的关注和呵护，破坏容易，治理艰难，影响长久。

三、跨区域环境污染

对于何为区域，美国著名社会学家胡佛（1992）强调，所谓区域，主要指的是基于计划安排、分析论证、管理监督以及政策机制的制定实施的初衷而进行科学布局、统一运筹的行政地区，其可依据内部化功能、一体化原则以及同质性等实施合理细分。其不仅是客观上存在的某些地方，还是人们的一种抽象空间理解。而所谓的跨区域，则重点指的是一种依托国家的行政区划而形成的一种国家管理的分支、分级政府组织，可见行政区域和经济区域并不相同。在我国，跨区域的特点是必须跨越两个以上地方政府所管辖管理的范围，即依据国家的行政区域而形成的一种在自然环境、社会与经济发展等等层面存在明显同质特点的行政地区。假如以全球为划分标准，有两个以上国家所组成的协作地区也可以称作区域，比如东盟、欧盟等等。假如以国家为划分标准，则区域代表的是各个层级的行政划分，比如我国在省级、地市级、县区级、乡镇级上的划分等等。当然也可以依据某种行政范围、地理位置进行划分，比如我国的中西部、珠三角等等地区。从我国现有的文献成果来看，对于区域这概念内涵的界定大多依据地理范畴来划分，如此划分和我国的相关立法规定密切相关。而对于何为跨区域环境污染，我国在2006年年初正式颁布、实行的《国家突发环境事件应急预案》给予了明确规定，即因违反了我国的环境保护立法的各种社会与经济行为以及因各种不可抗拒的因素而导致的自然生态环境受到了污染，公民个体的生命、财产受到了不同程度的损害且带来了严重负面影响的各类突发事件。在本书对这一概念内涵的界定上，主要是依据经济理论中的外部性的概念进行定义，即所谓的跨区域环境污染，重点指的是某个行政地区因为各种因素而导致的各种自然环境受到污染、损坏，且这些污染、损坏还往往辐射、蔓延到发生地区之外的行政区域的环境污染现象。

第二节　协同治理相关理论

一、治理理论

治理这个词来自拉丁文和古希腊语，原来的意思有引导、控制和操纵。1989年世界银行率先使用"治理危机"这个词，从此它就有了完全不同的意思。下面是对作为新概念的治理理论的梳理。

罗西瑙认为，"治理是一种规则体系，它更依赖于主体间的同意，明确地说，治理是只有被多数人接受才会生效的规则体系。尽管它未被赋予正式的权力，但在其活动领域内也能够有效地发挥功能。"这里指出了各主体相互协作的重要性。简·库伊曼和范·弗利埃特指出，"治理可以被看作一种在社会政治体系中出现的模式或结构，它是所有被涉及的行为者互动式参与努力的'共同'结果或者后果"。他们认为它的结构是从内部自发生成的，而不受其他外力的强制作用；而且它只有借力于各个主体相关行为者的共同努力才能起作用。俞可平指出，治理的意思是"官方的或民间的公共管理组织在一个既定的范围内运用公共权威维持秩序，满足公众的需要"。另一位学者陈振明认为，治理"是对合作网络的管理，又可称为网络管理或网络治理，指的是为了实现与增进公共利益，政府部门和非政府部门等众多公共行动主体彼此合作，在相互依存的环境中分享公共权力，共同管理公共事务的过程"。

治理理论中多主体的共管共治内容应该为我国生态文明建设协同治理所吸收和借鉴，让政府主体、市场主体和社会主体都能够充分发挥作用，推进生态文明建设向前发展。

（一）多中心理论和网络化治理理论

治理理论出现于 20 世纪 90 年代，它强调多元共治格局、分权、社会参与等理念，对改变以往政府管理模式产生了重要影响。此外，多中心理论和网络化治理理论是对治理理论的发展和延伸，也是研究社会治理协同机制问题的重要理论资源。

多中心理论最初来源于经济学理论，迈克尔·博兰尼最先指出了"多中心"这个名词，博兰尼基本命题即资本主义是从多个主体获取利润的，这些利益主体中不仅包括生产者、市场、还包括消费者。对这些获取利润的各个"中心"的管理模式的设计十分关键。国家需要对市场采取措施进行调整和监督，但是不能够采取巨大的强硬措施大幅度地扭曲市场。

美国经济学家奥斯特罗姆的主要观点如下：第一，他将经济生产中的"多中心性"理论合理转移到社会治理领域，强调了自主治理的至上意义，尤其是在公共资源配置项目中。第二，他以理性选择制度主义分析为主导，在经验研究之后阐释了一个治理的制度逻辑假设，给出了一个进一步思考多中心治理模式的起点。多中心的治理制度体系不是一套僵化的管理制度，而是一种灵活的治理结构，是一种处理公共事务的"典则"体系——宪政秩序。第三，他更加明确了社会治理的范畴要高于政体范畴，衡量与评价治理体制优劣的视角发生了转移，历史证明只要确定了某个政治体制，政治家往往就会考虑需要什么来维护和稳固现有政治体制，而不再考虑需要什么来进一步推动人类历史的发展与进步。网络化治理是一种公开制定公共政策，并且在执行过程当中不断进行多方良性互动的新兴的治理模式，强调多主体在良性的互动中进行利益协调和解决利益冲突。它是各主体对各种资源互动需要，在互利合作理念下发展成的协调治理公共事务的新方法。

（二）各主体间的合作治理模式

1.制度层面的研究

在制度层面上，主要就是以国家和社会之间的关系为研究要点展开。其最主要贡献就是提出了我国应该采取的国家和社会之间的四种关系模式。

第一个模式就是邓正来所指出的"良性互动说"模式，他认为"首先要建造和完善市民社会，然后进一步地逐步建立国家和市民社会两者之间的二元结构模式，并且继而努力在二者之间达成良性互动模式"。第二个是，唐士其的"强国家—强社会说"，他认为："我国目前需要探求某种'强国家—强社会'模式，寻求二者共同可持续发展。"第三个是黄宗智学者提出的"第三领域说"模式，他提出在国家和社会两者之间还存在着"第三领域"，真正具有独立性的组织不可能在一夕之间兴旺发达，寄希望于此的人是完全脱离实际的，政治变革应该是在第三领域。第四个是常宗虎学者提出"强国家—大社会"关系模型，他认为"我国在下个发展阶段，应寻求一种国家与社会两者之间的一种'强国家—大社会'形态，并且应以此为基点不断发展，直到最终形成一种'国家与社会权力对等'的关系模式"。

2. 组织层面的研究

对这一层面的研究主要是围绕社会组织在进行社会治理方面所具备的功能以及优势来展开。徐祖荣、周云华等认为，社会组织参与到社会治理当中是协同的最基本的要求，也是推进社会治理不断创新的必经之路。

构建社会组织和政府两者之间协同治理的基本框架，首先是要夯实社会组织的社会基础和空间，提升自身管理能力与水平。欧黎明与朱秦两位学者在信任关系与平台构建两个层面上对协同问题深入研究，提出信任是协同关系的最主要支撑，协同者各方必须具备相互的存在感和信任感，才能够保障形成相互协同的意向，也就才能够促成协同治理。要促成双方信任，最主要是要建立信息共享机制以及双方之间具备相同的利益目标。陶国根学者则认为，研究协同治理就要通过建立社会治理协同模式来实现，并且提出这个协同机制模型应当包含三大机制：第一个是协同关系的形成机制，第二个是协同关系的实现机制，第三个是协同关系的监督评价机制。

这一层面研究当中也涉及社会组织与国家政府两者间的关系模式问题。学者们普遍认为，现阶段我国的社会组织主要充当的是政府的助理或者辅助机构这样的角色，两者间没有一种相互合作的伙伴关系，也基于此，大多数的社会组织都会缺乏独立性和自主性，因此在协同模式里，其角色以及功能有待调整与加强。

3. 运行层面的研究

人类社会当中存在着很多规律运动，并且具备许多影响因素，而这些因素的结构功能与它们之间的相互关系，还有实现作用的过程和它们的运行方式就被称为运行机制。运行机制包括管理系统运行的整个过程、具体程序和方法以及管理系统中各子系统之间的相互关系等。

在社会治理协同机制方面的研究，主要包括危机和利益协调机制等诸多方面。其中康忠诚等提出"要理清楚第一党、第二政府、第三社会组织和第四公民这四个利益主体间存在怎样的协同关系，需要建立五个相关机制：第一权力、第二资源、第三利益、第四价值以及第五信息这五个方面的整合协同机制，全方面对管理体制进行改革，不断推进社会的和谐与可持续发展"。

从现有理论成果看，其中虽然涉及协同治理的路径选择以及社会机制的建立等方面，但是在协同治理的机制，以及在政府与社会两者之间的互动关系和制度基础、方式方法、保障、评价等方面，尚缺少较为清晰的界定和系统的描述。

二、协同学理论

协同学这个词来源于希腊语，意思是关于协调与合作的学科，是德国著名物理学家赫尔曼·哈肯在1971年提出的有关子系统间相互关系的学科。协同学建立在这样的假设基础上："甚至在无生命物质中，新的、井然有序的结构也会从混沌中产生出来，并随着恒定的能量供应而得以维持。"其主要对"这些子系统如何通过合作产生宏观尺度上的空间、时间以及功能结构进行研究，特别关注那些借助自组织形式出现的结构，最终得出与子系统性质无关的支配着自组织过程发展的普适性原理"。

协同学主要包括以下内容：①序参量。哈肯认为能够标志新结构形成的参量就是序参量，它是"使一切事物有条不紊地组织起来的无形之手"，被用来描述系统由无序状态向有序状态演进的动态过程。②自组织。自组织广泛存在于我们生活的自然界和人类社会中，它是指没有来自外部的指令，系统自动地依照某种内部规则形成有序结构的组织。自组织强调开放性，即系统要持续地与外界进行物质、能量以及信息的互相交换。系统正是在这个过程中不断实现由无序向有序的变化。③支配原理。支配原理是通过序参量起作用的，在临界点前，子系统本身无规则的独立运动起着主导作用，系统呈现无序状态。当系统靠近临界点时，子系统之间所形成的关联便逐渐增强，当控制参量达到'阈值'时，子系统之间的关联和子系统的独立运动，从均势转变到关联起主导地位的作用，因此在系统中便出现了由关联所决定的子系统之间的协同运动，出现了宏观的结构或类型。系统间的关联在本句话中所指的便是序参量。

生态环境协同治理应该充分借鉴协同学理论思想，使政府主体、市场主体和社会主体间形成促进协同的序参量，实现自组织过程，从而由无序向有序转化，进一步达到生态文明的理想状态。

三、协同治理理论

（一）协同治理的起源

协同治理，就是通过运用协同理论，协同各主体间的利益，共同协商、制定计划，并共同行动的过程，最终形成多方共赢的整体效应。

协同治理不同于传统的国家独当一面的社会治理方式，它是现代社会发展的衍生物，把参与社会活动的各种主体通过一定的方式，整合调整到一起，同心协力，发挥不同主体的优势作用，完成整体社会在相关事务上的共治。协同治理是在政府主导下的，社会实施治理行为的过程，政府对这种行为起着一定的指导作用。作为描述性的表达方式，协同治理指的是社会系统内的一种组织形式，这种组织形式是可以变化的，它们之间有着互相影响的、互相牵制的关系。

英国"协同型政府"改革中最早使用了协同治理理论。Perri 认为，协同治理在政策制定、政策执行、监控等过程中起着关键的整合作用，这一过程涉及不同的级别或同一级层的不同部门，涉及主体包括政府、非政府组织、企业、志愿者等。此外，Pollit 认为，协同治理通过横向和纵向协调，缓解各方矛盾，协调各方利益，最终达成一致目标，共同行动。在这过程中，可以增进政府和社会组织、公民的关系，避免资源浪费，加强不同主体协作，为公众提供更好更优质的服务。学者威廉·雷吉和詹姆斯·博曼指出，平等作为协同治理的基本原则之一，指的是所有公民在合理多元主义事实的背景下都有着平等的权利，也就是所有公民都有参与授权行使权力讨论的能力。从字面上看，可以得知"协同"指的是具有平等地位的多元主体共同合作。因此，本书认为，在处理众多的社会公共事务时，仅仅依靠政府的力量是远远不够的，传统的"单打独斗"模式是行不通的，必须依靠政府、企业、民间组织、志愿者团体等多元主体平等协商、集体行动，共同对公共事务进行管理，追求最大的公共利益。

自国外提出协同治理的概念之后，我国也开启了对于政府间协同治理的研究热潮。从理论方面来看，协同治理理论的范围主要是融合了社会科学的治理理论特征，以及自然科学学科的治理理论特点。主要包括两个方面的含义：第一个方面是协同，指的是在整体对外开放的、变化着的社会体系中，不同属性的子系统互相契合、彼此协调一致，相加产生大于各小系统单个产生的协同效果；第二个方面表现在治理上，主要指的是吸纳更多的参与主体，进行创新管理理念及方法手段的增进。

从实践方面来看，政府为了摆脱传统的科层体制治理带来的，以政府为中心的一系列困境：比如政策失灵、办事效率低下及无效果等情况，同时随着政府面对的公共事务复杂多样化，社会形态也越来越多元化，政府提出要社会及市场等多元主体更多地参与进来，进行协同治理，并构建合理的协同治理机制成为政府的一种新的战略方式选择。英国治理理论的权威学者斯托克分析了治理过程中协同程度较高的协同模式，他认为治理过程中协同程度较高的协同模式应以三个方面作为切入口：主导要素、实践方式以及保障机制。其中在主导要素方面，"以协作思维为核心，强调通过政府引导和制度规约，构建多中心治理体系"。在实践方式方面，指出要最大限度地发挥公众方面的治理效能和谁组织谁治理的治理效能。在保障机制方面，尤其要重视价值认知方面的引导机制，注重利益分配的均衡，构建好协同治理模式在微观的基础，以此来保障协同模式的长效运行。以上理论，对于环境保护，对于建立良好的生态环境，具有重要的参考价值。大气环境属于公共产品，具有明显的无界性、外溢性和区域化等特征，对于大气环境污染情况的改善又具有显著的溢出效应。萨缪尔森定理的含义为："无论人们愿意购买与否，它们都会不可分割地给每个人带来好处。"这也就是说，在排他性方面，对于区域的公共产品我们难以从技术的角度去清晰地界定它的产权，区域公共产品供给与传统的公共产品供给相比，存在着不同的地方。它随着空间的改变而变化，还随着行政区域的不同而富有不同的区域化特点，并更多地要求多元主体之间进行合作，形成一个全方位的、全能有效的社会治理整体结构。在协同治理过程中，以平等参与态度，采用协商对话的方式，达到合作共赢，以此来整合多元主体的集体的力量。中国各地方政府的经济发展现状不一、管理层级繁杂、地方产权不均等问题，加大了地方政府区域合作的复杂性。

（二）协同治理的内涵

协同治理是一种新兴理论，产生于 20 世纪 90 年代初期，它融合了哲学、自然科学中的协同学理论和社会科学中的治理理论。经过近几十年的发展，协同学这一来自自然科学领域的方法论逐渐被推广至社会科学领域，以满足日渐复杂的社会实践的需要。自然科学领域的协同学理论是协同治理理论的一个重要来源。20世纪 60 年代，德国物理学家哈肯（Hermann Haken）在多学科研究基础上，创立了研究协同作用的协同学这一新兴学科。哈肯认为，协同作用是一切系统由无序结构向有序结构转变的自组织能力。无论是自然系统还是社会系统，都是大量子系统之间相互协同作用的结果。

系统内各子系统之间存在竞争与合作的关系，以自组织的形式推动系统从无序向有序发展。其中，快弛豫参量数目较多，变化较快，在系统演化及新结构的形成上不起决定性作用；而慢弛豫参量虽然数目较少，变化较慢，但是在系统演化及新结构的形成上起支配作用。在系统有序化发展的过程中，快弛豫参量和慢弛豫参量之间存在着相互协作和竞争的作用机制。在该作用机制下，一方面，哈肯运用绝热消去原理，在系统内部大量参量中，消去作用较小的快弛豫参量，保留具有决定支配作用的慢弛豫参量，从而产生新的系统演化模式；另一方面，哈肯更加强调协同或合作的重要性。他认为，协同是各种作用发展的归宿，竞争是促进系统内部各要素之间协同的手段。因此，协同在系统有序化发展过程中起到十分重要的作用。换言之，一个系统能否统一成为有机整体的关键在于系统内部各子系统能否相互协调和配合，形成协同效应。

协同学理论的核心理论是自组织理论，即多个子系统如何以自组织的形式产生合作。从静态角度看，系统通过合作形成的功能结构所维持的每个状态称为"相"；从动态角度看，系统从旧的状态转变到另一种新的状态的过程称为"相变"。按照协同学的观点，城市化的每个阶段都可看成是一种"相"。在城市化过程中，高强度的工业生产孕育了生态环境危机，整个社会由有序向无序转变。而从无序向新的有序转变，即从生态环境危机到低碳城市的建成，其关键是推动系统内的政府、企业、社会等子系统实现自组织。

近年来协同治理逐渐兴起，这绝非偶然，而是由于政府传统的单一治理模式满足不了日益复杂的治理需求，进而寻求政府主体之外的其他利益相关者共同合作治理，实现多元共赢局面。联合国全球治理委员会给协同治理下的定义为不同利益主体，包括个人、公共或私人机构之间，通过具有法律约束力的正式制度和规则或非正式的制度安排，不断调和关系并联合行动，处理共同事务。尽管不同学者给出的定义各有侧重，但大体上达成一致：协同治理是为了达到公共利益最大化，行政权力不限于单一政府主体，而是强调政府、非政府组织、企业、公民个人等子系统共同构成一个整体系统，各子系统形成相互作用的协同关系，发挥出子系统所没有的新能量，共同治理社会公共事务。

（三）协同治理的特征

协同治理是对治理理论的补充与发展，关于协同治理的特征，本书在借鉴学者们对协同治理的既有研究基础上，总结出协同治理具有以下几个特征。

第一，治理参与主体平等多元。协同治理理论认为在公共事务的治理中，政府不是唯一的治理中心，除政府外还存在其他治理主体，如企业、志愿者团体、非政府组织、社会公民等。协同治理的首要条件是主体的多元性、平等性，打破以政府为核心的治理局面。协同治理的主体不再仅仅局限于政府，而是将政府之外的企业、公民、社会组织、媒体都纳入治理体系中来。各参与主体间不存在从属、依附关系，而是在各方地位平等的基础上有序竞争与合作。不同的治理主体拥有不同的利益诉求和自身资源，多主体参与治理的情况下，各方资源能够得到有效整合，多元利益诉求在协同的过程中得以实现。多元主体协同治理能够更好地应对仅仅依靠单一主体无法解决的问题。

第二，主体间协同互动。治理的社会基础在于政府、市场、社会之间建成良好的合作关系。政府不再单纯依靠强制性，权力的运行方向从原来的"自上而下"到"上下互动"，达成平等协商、共同合作的伙伴关系。公共事务的系统性、复杂性要求参与主体间应该保持动态互动的状态。也就是说，各参与主体为实现某一共同目标或处理公共事务时，强调共同遵守规则，注重协同互动。治理过程中并没有哪个主体处于权力的支配地位，而是主体间的能力互补。通过互动，让信息、资源、优势得以有效共享，对决策进行协商，具体落实和运行时互相分工合作。此外，在整个决策过程中，信息的互动是双向流通而非单向传达的，只有各主体相互间处理好协同关系，整个治理体系才能有序发展。

第三，政府仍是重要行为体，是多中心的协同治理体系的主导要素。政府并非永远是治理中心、治理权威，其他治理主体也可以在治理过程中起到主导和决定作用，同样具有治理的权威性。协同治理强调治理主体的多元平等，并不代表着政府的主导作用受到削弱。政府在全局信息和公共权力掌控具有既定优势，仍然在治理过程中处于中心地位，发挥关键作用。政府在各方参与主体的权力和资源互动的过程中能够起到引导和促进作用，具体表现在政策目标的制定、资金技术的支持、相关责任的承担、平衡各方主体利益诉求等方面。因此，协同治理过程离不开政府的主导作用。

第四，运行机制的动态适应性。协同治理的运行模式并不是固定不变的，而是随着外在环境因素和内部不确定性因素的改变而做出相应的调整的。在整个系统中，各主体通过一系列的运行机制联系紧密，这其中包括各参与主体的利益诉求和表达机制，社会力量的引导机制，政府与企业、社会的服务机制和矛盾调和机制等等。当系统外部某一要素发生变动时，与之关联的系统也会自行调整。整个系统运行机制都处在不断适应和调整的状态。

第五，协同治理是为了实现最大的社会利益。各治理主体之间有着共同的目标和利益，通过自发自愿、彼此协商、相互合作的形式对公共事务进行共同管理。各主体发挥各自优势，实现治理的"1+1>2"。

（四）协同治理的主体与客体

当代协同治理主体包括政府组织、社会组织、私营企业、家庭及社会公众等在内的所有组织和行为者，它们都可能成为治理的参与者。协同治理多元主体与传统治理模式下的主体有着明显区别。在传统的治理模式中，政府是唯一的权力主体，以行政区作为管理对象，本质上反映的是集中控制和统治的思维，政府是绝对的权力中心；协同治理理论下，政府不再是唯一的权力主体，它倡导的是多元主体共同参与到社会事务的治理当中来，具有明显的分权化思维，从而实现了公共权力在多元主体之间的共享，通过合作，使政府、企业、社会组织等主体间相互弥补缺陷，它们之间存在着相互竞争和合作两种关系，存在着平行的交互和制约。在某些领域，由于多元主体的共同参与，政府作为参与主体之一已经不再拥有绝对的主导地位，但基于治理客体的客观性和公共性，政府在协同治理当中依然扮演着重要的元治理角色。这种元治理的作用具体表现在合理规划、规范和协调、激发和诱导等方面。社会组织、私营企业、公众作为协同治理重要参与主体，其参与意识和治理能力将直接影响协同治理的水平和效果。协同治理的客体，也即协同治理的对象，主要是指公共事务和公共议题。随着经济社会和科学技术的发展，地区与地区之间的沟通和联系变得更加频繁紧密。在面对大事件方面，诸如地震、洪水、火灾救援，资源开发，流域保护，大气治理等公共事务和公共议题，逐渐打破部门、区域上的界限，突破行政层级上的管理权限。

（五）协同治理的内容与方式

协同治理的内容即是协同治理的任务，是政府、企业、社会组织、公民等主体所要完成的共同目标，具体内容包括：公共服务、社会管理、经济调节和市场监管。公共服务分为基础公共服务、经济公共服务、社会公共服务和公共安全服务，具体包括基础设施、医疗、教育、科技文化、卫生、就业、社会保障、环境保护等。社会管理是指政府通过协同的方式对社会事务进行规范和制约，对社会资源进行整合，对社会力量予以动员，以增进公共利益。具体包括家庭、社会团体和社会组织无法解决的社会事务，实施社会政策、维护社会秩序、保障公民权利、管理社会组织、解决社会危机、提供社会安全保障等必须有政府进行管理的社会事务，以社会福利政策为核心的社会政策。经济调节是协同治理的重要任务，包括对经济进行宏观调控，稳定物价，为就业创造良好机会，农村土地改革，缩小城乡二元结构，维持国际收支平衡等。市场监管主要内容是界定和保护各类知识产权，形成全国的统一市场，创建良好的信用环境，扩大市场对内和对外开放，规制行政性垄断和自然垄断行业，对产品定价与质量信息披露行为通过协同方式进行严格监管等。

协同治理具有主体多元性特征，按照参与主体的地位不同，可以将其划分为：并行协同治理、串行协同治理和混合型协同治理。并行协同治理是指政府单位、私营企业和非营利性组织处于平等并行的状态，三者之间没有主从关系、高低关系，共同完成协同任务的一种方式。串行协同治理与并行协同治理的明显区别是，政府组织在串行协同治理过程中处于主导地位，私营企业和非营利组织属从属关系，私营企业和非营利性组织辅助政府组织完成协同任务的一种方式。在现实社会里，协同任务往往涉及跨区域、跨行业、跨部门的公共事务，在面对这种事务时，单一的并行协同治理或是串行协同治理无法予以解决，混合型协同治理具有明显优势。混合型协同治理也叫复合型协同治理，它是指在协同治理过程中既包括串行的协同治理，又包含并行的协同治理。在混合型协同治理中，政府对协同任务的干预相对比较宽松，其作用是介于并行协同和串行协同之间，起着指导和支持作用，其职责主要是对协同治理的任务进行规划和指导，并提供资金支持。不管是并行协同治理方式、串行协同治理方式，还是混合型协同治理方式，协同治理都是以协商和谈判为主要行动方式。

（六）协同治理对区域生态环境治理的指导

区域生态环境的一体性、长期性、脆弱性、关联性使得对其治理的难度不断增加。从协同治理理论入手，则刚好可以提供生态环境治理的可行思路和对策。原因如下：第一，协同治理是在一个复杂开放的系统中完成的。区域就是一个复杂开放的系统，在这个系统中不停地发生着信息流和物质流的交换，这些交换使得区域成为一个有生命力的系统。第二，协同治理致力于实现长期有效的治理，达到善治的目标。区域生态环境治理是区域内公共事务的主要部分，良好的生态环境代表着区域内各个社会主体的利益和福祉，而且生态环境的治理也是一个长期、动态的过程，需要内部主体之间不停地对话、妥协甚至是冲突，最后达成一致的政策意见。第三，协同治理所追求的是在公共事务治理上政府部门、社会公众、民间团体、企业之间如何实现合作共治的努力，并维持这种治理体系的长期有效和动态性，破除长期形成的单一主体的管理体系。事实证明这种治理模式对于治理区域生态环境具有极佳的匹配性。区域内各个社会主体对于生态环境有着不同的利益需求，从短期来看利益的差异性还很大，任何单一主体所形成的权威话语都只会从本身的利益出发，从短期来看这种利益的差异性和多元性是阻碍区域生态环境治理的主要障碍，所以只有从多元协同视角出发，才会在尊重各自利益的前提下达成利益的协同。最后，协同治理所倡导的是一个连续不断的动态过程，治理视域内政策和规则的形成是经过各个主体不断地协商、谈判、妥协而完成的。这与区域生态环境治理的过程是契合的，如上文所述，区域生态环境本身具有整体性、动态性、长期性、脆弱性，所以对环境的治理也将是一个持续不断的过程，每一个阶段都需要根据更新的环境信息、改变了的主体利益偏好、调整了的政策目标来具体协同。在区域生态环境的研究中，引入协同治理理论，能够把握各主体之间的关系，明确各主体间的共同利益，为共同治理提供可能，从而为区域生态环境提供新的合作模式，为区域快速发展保驾护航。

第三节　利益相关者与博弈理论

一、利益相关者理论

利益相关者理论最初是作为公司治理的一种具体理论于 20 世纪 60 年代在英美国家兴起的。企业经济发展的困难使英美国家不约而同地否定了"股东至上主义"，转而信奉对企业经济发展更有利的"利益相关者理论"。而后逐步发展到世界各个国家，更被广泛应用于各个领域。美国管理学家弗里曼曾提出，"利益相关者是影响一个组织目标的实现，或者受到一个组织实现其目标过程影响的所有个体和群体"。

近年来该理论的发展不断趋于成熟，利益相关者分析在各领域得到了广泛应用，也为生态文明建设提供了可资借鉴的理论来源。生态文明建设的利益相关者包括诱发生态问题、对生态问题做出反应以及受到生态问题影响的全部组织和个人，这里所说的影响既包括正面影响又包括负面影响。具体而言，生态文明建设的利益相关者主要包括政府、企业、环保 NGO 以及公民个人。英国管理学家约翰普兰德认为，"利益相关者管理问题确实是一个协调和平衡的问题"。利益相关者各有自己不同的利益诉求，为了保护自身利益，他们会从自利角度出发采取彼此不同的行动方案，不利于实现生态文明建设的协同治理。因此，应当主动激发生态文明建设的利益主体参与协同治理的意向和动机，也应当积极寻求并确立不同利益相关者的共同利益。

生物学家路德维格·冯·贝塔朗菲 1948 年出版和发行的《生命问题》标志着系统论的正式产生。一般系统论是关于逻辑和数学领域的科学，其主要的研究内容有系统的共同特征、蕴含的本质以及其相关原理和规律，旨在确立一套适用于一切系统的一般原则。卡斯特和罗森茨韦克觉得，"系统是能与其环境超系统划分明确界限的一个有组织的，并由两个或两个以上相互依存的部分、成分或分系统所组成的整个单位"。与以前存在的研究方法相比"系统理论为研究社会组织及其管理提供了新的范式"。系统内在地包含着多个子系统，它们之间一方面相互依存，另一方面又是独立的。相互依存体现在"组成系统的各要素之间都是相互关联、相互制约的，其中一个要素发生变化，其他要素也要相应地改变和调整"。相互独立主要是各子系统都有与其他子系统相区别的功能与属性，它们之间需要互相竞争以获得整个系统中的能量。要协调好各子系统之间的关系，以免它们过度合作或者过度竞争而损害系统的整体功能。

首先，"一个生态系统可恰当比作生命网络系统，在这个系统内，各组成成分之间相互联系、相互斗争，为彼此的生存提供机会和限制"。生态文明建设是个超大系统，内在地包括政府、市场与社会等子系统，要实现生态文明建设的协同治理首要任务就是要处理好这几个子系统的关系，使系统的整体功能大于所有子系统功能的简单加总。其次，生态文明建设本身就是个开放的系统，需要源源不断地从外部环境中吸取物质、能量和信息，并将之转化为自身的产出，输出到环境中。在传输过程中正确调节同外部环境的关系，能够使系统的产出更容易得到认可和接受。因此，系统论原理非常适合应用于我国生态文明建设的协同治理，而后者的重点应该是吸收系统论中协调各子系统关系的内容。

二、博弈论

博弈论又被称为对策论。博弈是指在一定条件和规则下，一个和多个理性思维人或团队，在各自可选的策略空间里选择策略并实施，并各自取得相应结果的过程。博弈有合作博弈、非合作博弈、完全信息或不完全信息博弈、静态博弈或动态博弈四种类型。博弈论是研究具有斗争或竞争性质现象的理论和方法，也即研究互动决策的理论。所谓互动决策，即各参与人的决策是相互影响的，每个人在决策的时候必须将他人的决策和对自己的考虑纳入自己的决策考虑之中，在轮换考虑后，选择最优解即符合自身的战略与行动。

博弈论最先由美国经济学家冯·诺依曼 (VonNeumann) 提出。1944 年，他与奥斯卡·摩根斯特 (OskarMorgenstern) 合著《博弈论与经济行为》，在总结前人关于博弈研究的基础上，提出了博弈论的相关概念、一般框架和表达方式，提出了系统的博弈理论并将其运用到经济领域，奠定了这一学科的基础和理论体系，标志着博弈论的初步形成。20 世纪 50 年代，合作博弈论发展达到顶峰，与此同时，非合作博弈也开始创立。纳什（Nash）在 1950 年开创性地发表了论文《N 人博弈的均衡点》，紧接着在 1951 年完成博士论文《非合作博弈》，这两篇重要的文章将博弈论拓展到了非零和博弈，最终形成了非合作博弈理论的源泉。1950 年，塔克 (Tucker) 定义了"囚徒困境"。

他们的著作基本奠定了现代非合作博弈理论的基石。目前，博弈论作为分析和解决冲突与合作的工具，已经在管理学、经济学、政治学和生态学学科领域得到了广泛的应用，为解决不同实体冲突和合作提供了宝贵的方法。根据博弈理论，任何一局博弈都至少包含三个基本要素：一是参与人。参与人也即博弈者，是指在博弈中独立决策、独立承担后果，以自身收益最大化来选择行动的决策主体，参与人既可以是个人，也可以是团体 (政府、企业等)，参与人的目标是实现自身利益最大化。二是战略或策略，是参与人在进行决策时，可以选择的方式方法、做法、规则等，以保证自身收益最大化，决定了参与人在什么情况下选择什么样的行动。三是收益，是指参与人在运用一系列策略组合后的所得和所失，收益既可以是经济方面、生态环境方面的，也可以是精神方面的。除此之外博弈还包括信息、行为、次序、均衡等因素。

将行为博弈理论运用于区域生态环境治理问题上，主要考虑以下因素：一是我国在区域生态环境治理上实行属地管理原则，客观上导致了我国在区域生态环境治理和污染防治实行区域分治，生态环境治理的整体性被割裂。同时在区域之间的经济竞争和地方政府官员之间的政治竞争的双重影响下，区域范围内不同地区在环境保护和污染防治上难以实现协同、治理效果不佳，而行为博弈理论是研究具有斗争和竞争性的现象的理论和方法，能够为解释各区域之间的竞争关系提供理论支持，另外非合作博弈理论对跨行政区域环境治理中地方政府协作的碎片化困境也具有较强的解释力。二是在区域环境污染问题上，地方政府之间的关系表现为冲突与合作，而在行为博弈理论中，博弈参与者在互动的状态下也具有相似的表现形式。在跨区域环境治理中，由于信息的不对称和机会主义的存在，某些地方政府对环境污染采取放任的态度，或者是不愿意为污染治理投入过多资金，地方政府的这种行为极有可能导致区域环境受到破坏。规制约束不同，博弈活动的外部环境就有差别，博弈参与者的策略就会发生变化，支付和成本也将发生相应的变化，并会反映到博弈均衡的结果中。因此，有必要通过相应的制度创新来对博弈参与者的行为进行引导。

第四章　我国生态环境治理发展历程及国外生态环境治理经验

第一节　我国生态环境治理发展历程

我国的生态环境治理体制经历了从无到有、渐进发展的过程，以改革开放前后为时间节点，在环保法律法规的不断健全、行政管理体制整体改革的推进下，我国的环境治理体制结构有了长足的发展。

一、起步阶段及其特征

（一）起步阶段概况（1971—1979 年）

新中国成立之初到 20 世纪 50 年代，在工业基础薄弱，工业化建设尚处于起步阶段的背景下，国内对于环境保护的认识仅局限于以打扫卫生、垃圾清理为主要内容的爱国卫生运动。工业发展尚未大规模起步，也就没有形成经济发展与环境保护之间的矛盾对立，已有的环境问题主要是局部的生态破坏和小范围的环境污染，真正意义上的环境问题尚未形成，也就不涉及与此相关的法律法规制定与颁布。而在此之后至改革开放之前，随着我国社会主义建设的发展，在计划经济体制约束下，国家进一步集中力量发展重工业，高度集中、优先发展工业的战略理念通过政治运动的方式被强制推进，对环境的忽略与轻视使得工业发展走上了一条严重破坏生态、高度污染浪费的道路。在这一时期，个别领导人对于环境问题的关注被湮没在大力发展工业、集中精力搞经济的政策浪潮之中，环境治理问题受到轻视，环境保护建设处于起步和萌芽阶段。

尽管这一段时期内对于环境保护没有得到充分的重视，但是无论如何，环保工作缓慢拉开了序幕。国家机构层面第一次出现"环境保护"是1971年国家计委成立的"三废"利用领导小组，该工作小组是在周恩来的批示下成立的；1972年，我国政府派代表团参加了在瑞典斯德哥尔摩召开的人类环境会议，周恩来当时提出了这样的要求，"通过这次会议，了解世界环境状况和各国环境问题对经济、社会发展的重大影响，并以此作为镜子，认识中国的环境问题"。第二年8月，国务院召开了第一次全国环境保护会议。在这次会议上，主要针对当时我国的环境整体状况进行探讨，并收集了各部门集中反映的较严重问题报批中央。这次会议的最重要意义就在于通过了《关于保护和改善环境的若干规定（试行草案）》，这是我国第一部专门就环保问题形成的规范性文件，该文件确立了"全面规划，合理布局，综合利用，化害为利，依靠群众，大家动手，保护环境，造福人民"的32字环保方针。至此，我国的环境保护事业拉开了序幕，对环境议题的关注上升至国家层面。在1974年10月25日，正式成立了国务院环境保护领导小组，领导小组下设办公室，负责日常工作，在此之后，按照中央的设置模式，全国各地也相继设立了类似的地方性环保监督管理机构。在1978年3月新修订的《宪法》中也对环境保护作为国家基本职能进行了明确的规定，"国家保护环境和自然资源，防治污染和其他公害"。同年11月，邓小平也明确指出"应该集中力量制定刑法、民法、诉讼法和其他各种必要的法律，例如……森林法、草原法、环境保护法"。

（二）起步阶段特征

这一时期环境治理的主要特征体现在以下几个方面。

1. 环保认识从无到有，确立基本的环保目标

改革开放以前，"环境保护"这个词汇对国人而言异常陌生，我国首任环境保护局局长、首任全国人大环资委主任委员、素有中国环保第一人之称的曲格平曾这样谈及当时我国的环保意识："那时候，除了少数人之外，对于广大公众来说，生态环境保护这个概念还没有形成。当时人们理解的环境保护就是环境卫生。"当中国人仍然弄不清楚什么是真正意义上的环境保护时，当中国人还在争论社会主义中国是不是存在环境污染时，西方国家公众已经开始了激烈的反公害运动。伴

随着我国外交事业的起步，在我们了解到世界环境污染状况的同时，也突然意识到自身环境问题的严峻性，甚至远比西方国家更为严重。国际的交流促成了我国政府对环境问题的重视与关注，重要的标志是1978国务院批复的环境保护领导小组办公室起草的《环境保护工作汇报要点》，其中提出"消除污染，保护环境，是进行社会主义建设、实现四个现代化的一个重要组成部分"，这意味着我国环保工作步入了中央最高决策层，并明确了我国坚决不走先污染、后治理的西方发展之路。这一时期，人们的环保意识可谓是从无到有，并从国家层面提出了较为明确的治理目标，如国务院环保领导小组就按照原国家计委《关于拟定十年规划的通知》(1975 年) 的相关要求，编制了第一个环保十年规划，提出了五年内控制、十年内基本解决环境污染问题的整体目标。之后在 1976 年 5 月，国家计委和国务院环境保护领导小组联合下发了《关于编制环境保护长远规划的通知》，其中就提出了从 1977 年起，切实把环境保护纳入国民经济的长远规划和年度计划。这些实际上从一定程度上反映了当时国家治污的决心和良好愿望，但一方面由于当时没有能够正确认清环境污染治理的艰巨复杂性以及解决环境问题的客观长期性；另一方面基于经济发展水平较低，实施的重工业优先的发展战略，"在居民基本的物质生活需求尚未得到满足的情况下，难以想象国家会对环境保护给予足够的重视，并拿出足够的决心和力量开展环境保护"。

2.管理机构不独立，管理职能局限

这一时期的环保法制刚刚起步，最具意义的莫过于1978 年宪法对于国家环境保护这项责任的确认，为中国的环境保护工作逐渐迈向法制轨道奠定了法律基础。对于组织规定，则是依照 1974 年 10 月发布的《国务院环境保护机构及有关部门的环境职责范围和工作要点》，该文件中对"国务院环境保护领导小组"的设立提供了指导依据，明确了职责，并对涉及环保职能的国务院所属五大部门和中国科学院进行了比较明晰的分工。另外，一些具有一定法律约束力的标准类文件相继出台，如《工业"三废"排放试行标准》(1973 年)、《中华人民共和国防止沿海水域污染暂行规定》(1974 年)、《放射防护规定(内部试行)》(1974 年)、《生活饮用水卫生标准(试行)》(1976 年)，这些文本共同构筑了我国环境保护基本法律体系的雏形。政府文件也构成了这一时期环境管理的重要依据，如《关于保护和改善环境的若干规定》(1973)、《关于环境保护的 10 年规划意见》(1975)、《关于编制环境保护长远规划的通知》(1976)等。除此以外，大量的环保措施都是通过行政命令的方式推行的，像"三同时"制度、限期治理制度等，因为在计划经济体制背景下，"企业的原材料、劳动力和资金供给、产品销售、利润分配等经济行为都纳入国家计划，由国家统筹安排；国家则通过计划命令的形式来调控企业行为"。

3. 行政手段与政治手段并用，行政手段为主

早期的环保措施都是以行政命令的方式下达的，也就意味着这一阶段主要以行政手段为主，例如具体的防治手段"三同时"制度、限期治理制度都带有鲜明的行政命令的特点。早在 1972 年 6 月，国务院批转的《国家计委、国家建委关于官厅水库污染情况和解决意见的报告》中提出了"工厂建设和'三废'利用要同时设计、同时施工、同时投产"的要求。1973 年《关于保护和改善环境的若干规定》又对"三同时"制度做了进一步规定，"一切新建、扩建和改建的企业，防治污染项目，必须和主体工程同时设计、同时施工、同时投产"。限期治理政策同"三同时"一样带有明显的行政命令特征，1973 年，国家计委在上报国务院的《关于全国环境保护会议情况的报告》中提出"对污染严重的城镇、工矿企业、江河湖泊和海湾，要一个一个地提出具体措施，限期治理好"。1978 年，由原国家计委、国家经委和国务院环境保护领导小组联合下达的，对于冶金、石油等 7 个部门的 167 个企业共 277 个严重污染环境的污染源进行的第一批限期治理，以及 1990 年由国家计委和国家环保局下达的，对于 140 项项目的限期治理，都是这种典型的行政管制模式。另外，在当时的特殊时代背景下，极具政治特色的群众运动也成了环境治理的一种运用手段，尽管当时并没有明确的文件提出要将群众运动作为一项环保手段，但我们不难发现，在同期的一些重要环保文献中不乏"发动群众，组织社会主义大协作，开展综合利用""打一场综合利用工业废渣的人民战争""开展消烟除尘的群众运动"等用语，群众运动实质上是重工业优先发展战略下，为尽快实现赶超目标，所形成的政治思维和行为习惯在环保领域的延伸。

总体来看，中国对环境保护的认识刚刚起步，尽管对于先污染还是先治理开始有了明显的认识，但由于经济发展的限制和推行重工业战略的阻碍，经济同环境的激烈碰撞导致了这一时期的环境治理收效甚微。同时由于环境治理法律依据的欠缺和组织机构的非独立性，使得环境保护主体及其执行都缺乏实际的效力。但不可否认的是，中国环境管理的指导原则、管理机构体系的设置和管理制度的筹建都是以这一时期的设计为蓝本进行的。

二、形成阶段及其特征

（一）形成阶段（1979—1989 年）概况

1979 年 9 月 13 日，《中华人民共和国环境保护法（试行）》的颁布可视为中国

环境保护发展史上的里程碑式事件，这是我们国家第一部综合性的环境保护法律，这部法律的颁布也标志着我国的环境保护管理工作进入法制化的轨道。并在之后的1982年修宪过程中进一步明确了国家在"保护和改善生活环境和生态环境、防治污染、保护自然资源、土地利用等方面"所具有的职能。在同年进行的行政机构改革中，国务院环境保护领导小组办公室与国家建设委员会委员、国家城建总局、建筑工程总局、国家测绘总局合并，组建为城乡建设生态环境部，环境保护局内设在当时环保部名下，在具体管理中并实行计划单列和财政、人事权的相对独立。尽管在1984年环境保护委员会成立并与环保局分分合合，但在实际运作过程中，环保局的"内设"地位并没有真正改变，而且由于这种结构体制的设计实际上将"环境建设"等同于"环境管理"，对于二者差异性的忽视客观上造成了环境监督管理的进一步弱化。针对上述这些情况，在1988年的行政机构改革中，为了纠正之前的偏差，国家进一步强化了"环境管理"的重要作用，将环保局从城乡建设环境部中分离出来，使其成为国务院下属的独立机构，明确赋予了国家环保局依法实施环境保护的监督管理职能。并在拟定的基本职能基础上划分了具体工作细则与责任，设置了相关岗位和各职能部门。

在这期间，除了专门性的环境保护法的出台，还有大量的关于森林、矿产、水资源、大气污染、土地管理、水土保持、海洋污染、噪声污染等方方面面与环境保护相关法律规范、环境标准的出台，进一步丰富了环境保护法制体系。在环境管理机关的职责方面，经过了逐步明确管什么（即环境管理范围和管理职责范围）、怎么管（即依靠政策、法律、制度、规划、标准进行管理）的发展过程。在环境管理思想理念方面也从过去仅仅强调污染的治理开始向"预防为主，防治结合"转化，也就意味着国家意识到对环境保护的重点应该放在对环境污染和自然破坏事前防止上，同时也要积极治理和恢复现有的环境污染和自然破坏。另外，环境管理职能也从微观转向宏观，环境管理手段已经开始从单一的行政手段开始向经济手段、法律手段、技术手段以及传播手段进行扩展。

（二）形成阶段特征

1.环保思想由"治"向"防"深化，环保目标由"定性"向"定量"转变

在这一时期，环保认识被提升到了一个新的高度和水平，主要的标志就是1983年第二次全国环境保护会议的召开，正是在这次会议上确立了环境保护是我们国家的一项基本国策，将环境保护视为是社会发展整体步调中重要的环节，提

出了"三同步，三统一"（制定经济建设、城乡建设和环境建设同步规划、同步实施、同步发展，实现经济效益、社会效益、环境效益相统一的指导方针），实行"预防为主，防治结合""谁污染，谁治理"和"强化环境管理"三大政策，并初步规划了截至 20 世纪末我国环境保护的主要指标、步骤和措施。从 1982 年开始，环境保护以独立篇章的形式首次纳入《国民经济和社会发展第六个五年计划（1981—1985 年）》（简称六五），使得环保规划开始在经济社会发展中显现作用。除此之外，在 1983 年之后，环境保护被写入政府工作报告，首次提出"防治污染和保护生态平衡"。同上一阶段相比，我们可以看到在本阶段环境保护开始获得更多重视，在国民经济发展中的地位也比从前获得了更大的提高，对于环保的治理态度较之前是选择污染还是治理进一步推进到如何治理、谁来治理的命题中，强调预防对于污染治理的重要作用，相应计划文件的编纂也表明了环境保护被纳入国民经济、社会发展的整体框架中。除此之外，各项文件法规中治理目标的确立以及相关细则、标准的出台也意味着"从注重定性管理到注意定量管理的转变，从适应计划经济的环境管理到逐步适应社会主义市场经济体制的环境管理的转变，环境管理与环境科学、环境法学的结合日益紧密"。

2.环境治理机构走向独立，部门分管格局形成

依据 1979 年《环境保护法（试行）》中对环境保护机构设置和职责范围的明确规定，尤其是 1982 年行政管理体制改革的推动，我国环保机构的设置和职责配置开始逐步调整变动。在这一期间，环保机构由原来的"代管"到内设直至后来成为真正享有环境管理权的行政主体经历了较为曲折的过程。1982 年，依据《关于国务院部委机构改革实施方案的决议》的相关内容，中央将国务院原环境保护领导小组撤销，将其办公室并入新成立的城乡建设生态环境部，更名为环境保护局，作为该部下设的司局级机构。在这样的改革示范下，地方各级政府纷纷上行下效，将城建部门与环保部门进行合并，来构建"城乡建设与环境保护一体化"的管理模式。"这次机构改革，意在通过设立一个高规格的常设机构来加强环境保护工作。但是，由于忽视了环境保护与城乡建设内涵不一，二者存在着监督与被监督的关系，只片面强调二者的统一性，把应该由不同机构承担的不同性质的管理职能合二为一，使环境管理机构失去了独立行使监督管理权的地位。"这种环保内设于建设部门的治理格局并没有有效发挥环保局的监督监察作用，反而因为目标的冲突和地位的局限影响了环保工作的独立开展。鉴于这种情况，1984 年，国务院环境保护委员会作为全国性领导和协调环保工作的机构正式成立。同年 12 月，经国务院批准，城乡建设生态环境部下属的环保局改为国家环保局，同时也是国务院

环境保护委员会的办事机构，负责全国环境保护的规划、协调、监督和指导工作。尽管这一时期，强调两大环保机构的功能地位的差异性和匹配性，但环保局的内设地位仍无改观，问题与矛盾依然突出，这也客观体现出我国当时仍没有在宏观上真正理顺经济建设与环境保护之间的关系，将"环境管理"混淆于"环境建设"。直至1988年的机构改革，环保局才从城乡建设环境部中分离出来成为国务院直属机构，独立行使环境管理权，标志着我们国家环境保护机构建设迈上了一个新的台阶。

这一阶段的重要变化就是环境保护正式纳入了法制轨道，标志性的事件就是中国首部环保法律《环境保护法（试行）》在1979年9月正式通过并实施，该法明确了中国环保的基本方针、任务和政策，规定了环保的对象、任务和方针，确立了"预防为主、防治结合、综合治理"等基本原则以及环评、"三同时"和排污收费等基本制度。此外，该法还就政府和企业环保机构的建立也做出了规定。

在之后的一定时期内，我国环境立法得以迅速发展，主要包括《中华人民共和国森林法》（1979年2月）、《中华人民共和国海洋环境保护法》（1982年8月）、《中华人民共和国水污染防治法》（1984年5月）、《中华人民共和国森林法》（1984年9月）、《中华人民共和国草原法》（1985年6月）、《中华人民共和国渔业法》（1986年1月）、《中华人民共和国矿产资源法》（1986年3月）、《中华人民共和国大气污染防治法》（1987年9月）、《中华人民共和国水法》（1988年1月）、《中华人民共和国野生动物保护法》（1988年11月）、《中华人民共和国土地管理法》1988年12月）等法律。

这一阶段还颁布实施了一系列有关环保的行政法规，如《征收排污费暂行办法》（1982年7月）、《结合技术改造防治工业污染的几项规定》（1983年2月）、《对外经济开放地区环境管理暂行规定》（1986年3月）、《水污染防治法实施细则》（1989年7月）、《环境噪声污染防治条例》（1989年9月）、《中华人民共和国防治陆源污染物污染损害海洋环境管理条例》（1990年6月）、《大气污染防治法实施细则》（1991年7月）等。在此期间，大量的环境保护法律、法规、规章以及标准文件的出台，表明了这一阶段我们国家对于环境保护法制工作的重视，也标志着中国环保法律体系的基本形成。

3.行政、法律手段并用，以命令—控制为主要政策特征

伴随着这一时期法律法规的不断出台，法律体系的逐渐形成，环境保护的手段也同上一时期相比改变了单纯依赖行政手段和政治手段，开始行政手段与法律手段并用的治理格局，采用命令—控制型政策工具来实现对环境污染的治理。从

整体来看，20 世纪 80 年代，中国基本形成了"预防为主、防治结合""谁污染谁治理""强化环境管理"三项政策，以及"环境影响评价""三同时""排污收费""目标责任制""城市环境综合整治""限期治理""集中控制""排污等级与许可证"八项制度。这些政策和制度形成了中国环境保护的主要框架。"排污登记与许可证"制度主要来自国外经验，至今仍是中国实施效果较差的环境政策，主要由于监测能力严重不足导致验证信息能力不足；"环境影响评价"虽然也是舶来品，但在与"三同时"制度结合实施后呈现出明显的中国特色；"目标责任制""限期治理"则诞生于中国的政治结构中。其中几项政策制度也初步展现出产权、效率等具有前瞻性的思想。如"谁污染谁治理"体现出环境产权全民所有、破坏者需要修复的思想萌芽，成为"污染者付费"甚至"治污者获益"等现行政策的先驱；"排污收费"与"集中控制"体现出效率原则，"排污收费"更是中国市场类环境工具的先驱。"预防为主、防治结合"则为全过程控制勾勒出草图。这些政策实质上是一种由政府启动的、以行政处罚为后盾的、典型的命令—控制型模式。

总之，这一时期的环保思想较之前一时期进入了更深一层阶段，开始从单纯的治理污染到预防污染和治理污染双结合的理念转化，而且将环保纳入国民经济发展计划之中也标志着我国环保战略思想发生了重要转化。这一时期也是中国环境法制蓬勃发展的时期，大量的环保法制、法规的出台为环境治理提供了有力的法律支撑，也为环境治理从原有的政治、行政手段转向法制、行政工具并用提供基础和可能性。从中央到地方，环保机构历经改革，从原有的"托管"到"内设"再到独立不仅标志着组织机构走向独立，而且意味着环境治理权限逐渐明晰，当然，分部门管理的问题在这一时期并没有得到解决，也成为之后的统分结合治理格局形成的重要背景。

三、发展变革阶段及其特征

（一）发展阶段（1989 年至今）概况

1992 年联合国环境与发展大会明确提出了可持续发展战略和对各国（地区）环境管理模式的目标要求。反思传统的以大量消耗资源为特征的传统粗放式发展模式，重新划分社会发展过程中经济效益、社会效益与环境效益之间的比例关系，运用可持续发展的理念指导环境管理体制的建立和管理制度的变革是我们面临的重要任务。作为时代的回应，中国政府提出了实施可持续发展的基本战略，强调环境与经济的协调发展，环境治理体系在国民经济发展中的地位日益提升。一方面，党和国家的治理意识方面有了显著的进步，2003年十六届三中全会上提出了"坚持以人为本，树立全面、协调、可持续的发展观，促进经济社会和人的全面发展"的科学发展观；2007年十七大又明确提出生态文明概念，"把环境与资源保护上升到了经济建设、政治建设、文化建设、社会建设的层次"。在2012年十八大报告中进一步强调了生态文明建设，提出了"必须树立尊重自然、顺应自然、保护自然的生态文明理念，把生态文明建设放在突出地位"，2013年以来，新一届政府更是反复提及生态文明对于整个社会发展的重要作用，强调生态环境保护是功在当代、利在千秋的事业，同样也关系人民福祉，关乎民族未来，并提出将制度化、法治化上升到前所未有的高度来为生态文明建设提供可靠保障。

与理念并行，伴随我们国家政府体制改革的行进步伐的同时在不断推进环保体制进一步改革与发展，我们国家在这一阶段内分别在1993年、1998年、2003年、2008年进行了行政管理体制的相关改革，四次改革中尤其是1998年改革，可以说是"改革开放以来机构变动最大、人员精简最多、改革力度最大的一次机构改革，这次改革通过转变职能、调整部门分工、精简机构编制，以适应经济体制改革不断深入，市场配置资源的基础性作用日益增强的客观现实"，具有极其重要的历史意义。利用这次改革的机会，国务院将原国家环保局由副部级升格为正部级单位并更名为国家环境保护总局，并相应扩大了其编制和职能。之后在2008年又正式组建为国家生态环境部，成为国务院组成部门。这一系列改革都标志着我国环保体制建设开始迈向了新的发展阶段。

在这一阶段，我国的中央一级环境保护机构从原有的内设机构逐渐独立出来，并最终发展成为政府组成部门，体现了其在机构建设方面愈加独立、权力逐渐增强的趋势。在地方层面上，各级环保机构设置也更加健全和完备，从各个层级上保证了国家环保职能的确立。1989年《环境保护法》中明确实行以行政区域管理为核心、国家与地方双重领导的环境管理体制。随着生态治理方面相关法律陆续出台，自然资源的保护利用形成了分类分部门管理的模式。环境保护行政主管部门统一监督管理，地方人民政府和相关部门监督管理相结合的"统一管理、分级分部门管理"环境管理格局就此形成。在2014年新修订的《环境保护法》中继续延续这一管理格局，实际上，这一环境保护监管体制饱受诟病，正如一些学者所言："《草案》并没有从根本上对'九龙治水，各显神通'的体制弊端予以检讨，仅简单地增加了两个管理部门，法律理性严重不足。"另外为了解决跨区域、跨部门、跨流域的重大环境保护问题，我们国家从2002开始探索实行区域环保督察制度，经过不断实践，尽管已经取得了一定的成果和实效，但作为一种新生事物，区域环保督查制度在理念、身份、权力结构等各方面仍存在诸多问题尚待解决。

表4-1 国务院环境保护机构改革历程

1971 年	成立国家计委环境保护办公室，中国政府机构的名称中第一次出现"环境保护"
1973 年	国务院召开了全国环境保护会议，通过了《关于保护和改善环境的若干规定（试行草案）》，成立国务院环境保护领导小组办公室，负责统一管理全国的环境保护工作
1974 年	成立国家建设委员会环境保护办公室，代管国务院环境保护领导小组办公室
1982 年	撤销国务院环境保护领导小组办公室，城乡建设生态环境部内设环境保护局，并实行计划单列和财政、人事权的相对独立
1984 年 5 月	国务院成立环境保护委员会，办公室设在城乡建设生态环境部，由环境保护局代行其职
1984 年 12 月	城乡建设环境保护部下属的环境保护局改名为国家环境保护局，作为国务院环境保护委员会的办事机构，但仍归城乡建设环境保护部领导
1988 年	国家环境保护局成立，并从建设部中分离出来，成为国务院的一个直属机构，赋予了国家环保局 12 项基本职能
1998 年	国家环境保护局升格为正部级的国家环境保护总局，增加核与辐射环境安全管理职能，下设国家核安全局
2003 年	继续保留生态环境部，增加生物遗传资源管理、放射源安全统一管理等职能
2006 年	国家环境保护总局成立华东、华南、西南、西北、华北、东北 6 个环境保护督查中心
2008 年	国务院公布《国务院政府机构改革方案》成立生态环境部

近期，对于环保体制垂直管理的改革成为新的亮点，此前，我们国家环保体制实行的是职能部门和地方政府的双重领导，这其中环保职能部门只是起业务指导的作用，实际上的环境监测监察执法（尤其是地级市和区县级）则主要由地方政府负责管理。综合起来，这种双重领导的环保体制存在几个十分突出的问题：一是地方政府的环保职责很难受到相应监督，环境责任难以落实到位；二是地方环保部门处于

同级政府的直接领导下，地方保护主义对环境监测监察执法的影响和干扰无法避免；三是这种僵化的体制无法对统筹解决跨区域、跨流域环境问题进行有效回应；四是地方环保机构队伍建设困难以及成员发展受限。针对上述这些问题，我们国家开始在一些个别地区进行了环保体制的改革探索，陕西、重庆、沈阳等地先后试行垂直管理，并取得一定的经验。这些探索，为全国性的环保管理体制垂直改革提供了有益的实践经验。这次环保垂直管理的推行，预期能够在有效遏制地方保护、干预执法、提高独立性、改善数据真实度等方面起到积极效果。

从新中国成立到改革开放以来，随着计划经济体制向社会主义市场经济体制迈进，中国环境治理历经复杂的制度变迁，在实践中不断反思，客观而言，取得了想当大的成果。但是，伴随着中国经济社会发展不断加快步伐，社会的需求更加多样，对资源的索取也不断增加，环境治理体制面临着一系列新的问题、矛盾和挑战，有待于我们进一步改革、完善、创新。

（二）发展阶段特征

1.发展与保护协调并进，绿色治理理念体系逐步形成

随着经济的快速发展，尽管之前我们国家在环保方面已经进行了相当大的投入，但是在环境的破坏以及环境承受力被不断突破的事实面前，经济与环境之间的矛盾不容乐观，环境的影响也使我们越来越意识到经济的不可持续性。这些严酷的现实使得人们不得不对以往的发展理念和未来的方向进行重新思考，希望构建经济同环境之间更加协调、融洽的治理关系，而当时国际上兴起的可持续发展理念恰好为中国提供了新的思想借鉴。1992年在出席巴西里约热内卢召开的联合国环境与发展大会，中国政府明确提出了可持续发展的战略构想。1996年制定的"九五"计划更是明确将可持续发展作为重要的战略目标提出并做出了实施这一战略的重大决策。而在2002年，党的十六大在提出全面建设小康社会的目标时，也进一步提出了"可持续发展能力不断增强，生态环境得到改善，资源利用效率显著提高，促进人与自然的和谐，推动整个社会走上生产发展、生活富裕、生态良好的文明发展之路"，标志着对传统的发展思维和模式的改进和发展，寻求经济、生态和社会的和谐共进。以2003年科学发展观的提出为标志，表明可持续发展正式成为国家发展的主导战略，因为科学发展观实际上就是对可持续发展理念的进一步深化，强调统筹人与自然的和谐发展。从此开始，可持续发展的治理理念作为国家发展战略的一项重要内容越来越凸显其重要性。2005年，"十一五"

规划又提出了两型社会，建议将建设资源节约型、环境友好型社会确定为国民经济和社会发展的一项重要战略任务，从生产方式角度建议"建设低投入、高产出、低消耗、少排放、能循环、可持续"的国民经济体系，将"资源利用效率显著提高，生态环境明显好转"作为构建社会主义和谐社会的主要任务和重要目标。尤其 2007 年生态文明的提出，直到"十三五"规划，明确倡导"创新、协调、绿色、开放、共享五大发展理念"，表明了新的时期我们国家探索人与自然和谐共存、倡导经济发展与环境保护的新的思想理论推进，也标志着我们国家绿色治理理念体系的形成。

2.统分结合体制形成，垂直管理初步尝试

根据 1989 年重新颁布的《中华人民共和国环境保护法》明确规定了实行以行政区域管理为核心、国家与地方双重领导的环境管理体制。在纵向上，上下级环保部门间主要是业务指导关系；在横向上，地方环境主管部门接受同级地方政府的直接领导，其主要是依照《地方各级人民代表大会和地方各级人民政府组织法》第六十六条的规定，地方环保部门作为"工作部门受人民政府统一领导，并且依照法律或者行政法规的规定受国务院主管部门的业务指导或者领导"。在这样的组织领导结构关系下，地方环保部门直接隶属各级地方政府，相较上级环保部门只拥有的业务指导关系，人民政府对环保部门拥有人事管理与财务经费管理的权力。同 1979 年的环保法相比，1989 年的环保法还翔实地规定了国家海洋行政主管部门、港务监督、渔政渔港监督、军队环境保护部门和各级公安、交通、铁道、民航管理部门需要依照相关法律对涉及的污染防治进行监督和管理权限。"国务院环境保护行政主管部门，对全国环境保护工作实施统一监督管理"，地方环保部门"接受人民政府统一领导"，同时依照法律规定各相关行政主管部门可以针对某类环境污染防治或某类自然资源保护实施监督管理，这种格局的形成实际上正式确立了我国统分结合的环境治理体制。"在法律上，统管与分管部门拥有环境监督管理的平等权限，在行政位阶上，二者之间不是行政隶属关系，因此也就不存在领导和被领导、监督与被监督的关系。它们在环境监督管理体系中都是代表国家行政机关行使环境监督管理权，具有平等的执法地位，只是在环境监督管理中针对监督管理的对象和范围有所区别。"实际上，这一阶段形成的统分结合的环境治理结构客观上也带来了多头管理、政出多门、协调困难、目标冲突、效率低下等诸多问题。

在这一时期，我国的环保组织机构的地位也进一步发生变化。1998 国家环境保护局升格为环境保护总局，由国务院副部级的直属单位升级为正部级直属单位。

同年，撤销国务院环境保护委员。这一时期，尽管环保总局在行政级别较之前有了提升，但是在政策制定和统筹决策方面，仍然同国务院组成部委有着较大区别。改变这种状况是从2008年开始，环境保护部最终升级为生态环境部，正式作为国务院组成部门，在政策制定、法规制定以及执行力度等方面享有了更高的地位和权威。在这次改革中，涉及资源管理方面的重新组建的自然资源部。自然资源部由地质矿产部、国家土地管理局、国家海洋局和国家测绘局共同组建而成，其主要职能是土地资源、矿产资源、海洋资源等自然资源的规划、管理、保护与合理利用。保留了国家海洋局和国家测绘局，作为自然资源部的部管国家局。这也表明了国家对资源管理的重视，将资源管理和资源开发有效地区分开来。

排污收费制度是上一阶段已经开始施行的一项环境经济政策，但这项制度税率较低，实际没有达到中国环境标准的边际治理成本；其次是在开始实施期间仅对超过标准的部分实施征税，直至2003年新的《排污收费管理使用条例》才改为对所有污染排放进行征税，税率也相应提高。这项制度的有效性问题一直备受争议，很多人认为其由于税率偏低加之执行力不足，对治污效果影响并不明显，但客观而言，这项制度在开展环保的早期确立了"污染者付费"的观点在当时是难能可贵的。这项制度在当时一定程度上促进了污染的治理，而且在环保资金最为匮乏的时候提供了难得的资金来源，在特定的历史时期平衡了减污目标和社会经济发展之间的冲突与矛盾。因此，用历史的眼光来看，它是一项成功的制度。同时，由于中央政府赋予地方政府充分的自主权，排污收费制度在各地的执行情况差异较大，发达地区执行情况明显好于欠发达和不发达地区。此外，我国的不同地区先后进行了排污权交易、环境容量有偿使用等市场机制的尝试，这些试点虽然未形成真正意义上的环境产品市场，但为后来的改革积累了一些经验。

在这一时期，从可持续发展到科学发展观，到两型社会的建构直至生态文明的提出，实际上标志着我们国家对于环境治理理念的不断深入，在这个过程中也逐步形成了有中国特色的绿色治理理念体系；法治的建设和发展也是这一时期的重要特点，随着社会经济形势的变迁以及新的污染问题的出现和不断严重，环境法制在一定程度上保证了与时俱进，能够根据新的情势和特征进行不断修正和补充；从20世纪90年代之后，国家层面的环保行政主管机构也开始由独立的组织身份提升到更高层次的行政规格，统分结合的环境治理体制开始形成，并成为这一时期主要的结构体制形式，当然，面对这种治理体制所带来的弊病，国家也一直尝试对其进行相应的各种改革，其中包括联席会议制度和省以下垂直管理制度的试点和推行，为解决现有问题提供了一些思路和途径。与此同时，在原有行政工具、法律工具继续使用的同时，我国开始大规模推行各类市场经济类、信息化政策工具作为影响经济发展、促进环保、减少污染的新方法和新对策，并在一定程度上取得了一些成效。但我们同样应该看到的是，政府本身的信息掌握能力不足、政府治理模式存在固有顽疾还不足以支撑上述诸多政策的有效实施，需要我们深刻反思现有环境治理模式存在的深层次问题，从更高的战略角度对这些问题进行调整，来更好地实现环境治理的目标。

第二节　国外生态环境治理经验

一、日本生态治理经验

日本长期被视为生态治理的典范，除了各国通行的经验，如环境立法、财政支持、环保技术和管理水平提升等手段之外，其独特性在于更重视人与人之间的自然资源的分配关系转变。日本公众的广泛参与，对生态环境问题的高度关注，影响生态环境的社会关系不断地自我调整，形成了多元共治的基本格局，有力提升了日本的生态治理水平。

（一）保障公众充分的知情权和舆论监督

日本在工业化初期，由于片面强调经济发展而忽视环境保护，造成了如水俣病事件、四日市废气事件、爱知县米糠油事件等震惊世界的环境公害事件，引发了全国性的"反公害"运动。为解决企业排污造成的环境污染问题，日本政府先后通过了《控制工业排水法》《水质污染防治法》《湖泊水质保全特别措施法》等法律。一旦出现水质问题，当地行政主要官员将被议会问责，还会面临舆论的强大压力，甚至被追究法律责任。在法律和舆论的约束下，日本任何一级政府官员对于环境污染都不敢掉以轻心。由此可见，政府、新闻媒体形成多元信息传播态势，使公众掌握充分的环境治理信息，形成有力的公众舆论，可以有效防止个别利益方为一己私利破坏生态环境。

（二）培养社会责任意识和社会行为规范

日本政府着重通过环境教育，强化国民的环境权利意识，培养公众承担生态治理的社会责任。在家庭、学校和社会宣传，从三个层面强化公众环境保护的社会责任意识。在学校教育方面，组织学生走出校门，做关于垃圾问题的社会调查，或组织学生参观垃圾处理场和污水处理厂等从而增加学生的环保意识。同时，强化社区教育，在许多社区设置环保教育中心，如东京的板桥区环境中心，向社区居民和学校免费开放。社会宣传方面，日本通过电视、广播、报纸、杂志、电影等各种媒体进行宣传活动，并通过开展"环境月"、召开城市环境会议、建立环境省信箱等不断充实环境宣传手段，对国民进行环境教育。通过家庭、学校和社会多元发力，使得环境保护行为渗透到日本社会日常生活中，培养了企业和居民对工业垃圾和生活垃圾的精细化分类。

（三）构建多元主体协同共治

有效社会参与是生态治理能够取得成效的关键，日本政府注重为社会公众参与生态治理提供制度化保障。在体制机制上，突出基层地方治理，推行地方自治，在反对公害的社会运动中，公众选举支持环境保护的行政长官执政，推行比国家层面更为严格的环境保护措施。20世纪60年代至80年代，以环保为目的的地方"自治体"占到日本全国"自治体"的三分之一。在推动公众和社会组织参与方面，积极培育民间环保组织，据日本环境省统计，截至2014年7月，日本国内各类环保NGO数量约为4500个，其主要活动领域包括自然环境保护、资源回收利用、环保理念推广等方面。同时，鼓励环保NGO积极参与环境治理相关立法、审议程序，使得环保NGO成为参政议政的重要社会主体。

日本从"防止公害"到全面的环境保护经验表明，公众舆论监督、培养环境保护社会意识和行为规范、实现多元主体协同共治，是实现更为合理的自然资源分配关系的关键。

二、德国弗莱堡生态城市建设经验

弗莱堡位于德国西南部。近三十年来，弗莱堡高度重视生态环境建设，在实现生态环境保护和经济发展协调发展、完善城市生态规划、推动社区环境保护方面取得了突出成就，成为世界闻名的"生态城市"。

（一）生态理念贯穿城市发展全过程

弗莱堡坚持生态立市，制定了全球第一个地区级公约《弗莱堡森林公约》，将经济、社会和生态的协调发展作为城市发展纲领。在规划制定过程中，注重以往的创新主导作用，通过超前规划、节能高效和长期的可持续发展，在城市空间规划、城市能源使用规划制定过程中，把环保的理念和创新的生态技术灌注到规划制定的每一个环节。

（二）全民参与规划制定和实施

弗莱堡十分注重公众对各项规划的参与。在规划编制初期，向公众公布规划目标和规划必要性，并通过公告、传单、展览等形式邀请公众参与讨论，听取公众意见。在规划编制过程中，鼓励发动市民自发作为"城区调查员"，调查和汇总本区市民的看法，并呈报给市议会进行总结和讨论，并对规划进行相应修改，审批通过后向公众公布。

（三）注重公众、社会组织的社区环保策略

以社区为重点，引入公众和社会组织参与社区环保规划和建设。在沃班社区的规划建设过程中，由专家、市民组织形成非营利组织沃班论坛，弗莱堡市政府则指定沃班论坛以专业组织形式参与规划制定和社区建设，具体的方式是专家形成理念和建设方案，市民参与讨论，最后以组织形式与政府进行沟通和协商，形成上下协商一致的生态建设模式。

德国弗莱堡的经验，说明城市生态的治理，不仅仅在于单一方的重视，而在于贯穿于政府、企业和公众理念的构建。同时，注重生态规划的公众参与，避免政府"闭门造车"。在具体的发展策略方面，探索以社区为单元、公众和社会组织共同参与的治理策略，注重专业性和多方的协商沟通，实现多方协同治理。

从国外多元主体参与环境治理的成功案例来看，虽然存在地域特点、人文特点和实际情况的差异，在具体的举措上也不尽相同，但是其成功大多不是靠政府的单一主导，而是在政府、企业、公众和社会合作治理的基础上实现的，对多元主体参与生态治理具有十分积极的借鉴意义。一是政府治理理念从单一主导到规划和协调方向转变。改变过去政府环境治理大包大揽的管理方式，转为以法律为权威，注重规划引导及规划制定落实的协调统一。二是构建有利于实现全民环保的利益共享机制。通过经济生态化、社区共建共享等形式，形成政府、企业、公众、社会组织对生态治理的协同合作。三是丰富社会公众参与生态治理的形式和途径。构建有利于公众参与生态立法、规划编制的机制，保障公众的知情权和监

督权。四是培养环保社会责任和行为规范。通过政府宣传、社区教育、学校家庭教育等多种形式，培养公众日常参与环境保护和治理的理念和行为习惯。五是大力培育环境治理公民力量和社会组织。在拓宽公众和社会组织参与渠道的同时，通过政策支持、资金扶持、社区化等手段，提升公众和社会组织的群众性、专业性和组织性，强化参与的广度和深度，构建生态治理的第三极。

第五章　跨区域生态环境协同治理的现实困境及成因分析

第一节　地方政府跨区域生态环境协同治理的困境及原因

当前阶段我国地方政府环境治理的发展呈现出较为良好的态势，但在新时代生态环境建设的道路中，要想坚决打赢污染防治攻坚战，就必须发挥我国地方政府各部门间合力，直面当前我国地方政府跨部门环境协同治理的困境与难题，并对其进行深入的原因分析，找到症结所在，方可有的放矢。

一、地方政府跨区域生态环境协同治理的困境

（一）地方政府部门间组织运行系统碎片化

碎片化和协调的失灵使得政府在制定法律政策时效率低下，政策难以落实。此外，已出台法律法规的不完善也使得社会主体的权益不能够受到有效保障，对于污染环境企业的制裁手段和约束手段还不够严厉，政府的作为得不到有效的监督。且公众参与的缺失导致其规划结果得不到公众认可，但是在政策实施中，却又由于公众的强烈抵制而终止或暂停政策。

1.地方政府部门间在环境治理中职责分工不明

长期以来，明确政府职能始终是政府改革的重要方向之一，但我国地方政府的

职能仍存在职责分工不明的弊端，这在一定程度上羁绊了政府行政效率，尤其在环境治理方面，造成生态环境不断恶化的局面。在改革开放之初，中央政府就已认识到生态环境治理的重要性，且在法律法规、政策等大政方针的制定、执行等方面有所体现。然而地方政府在一心一意谋发展、聚精会神搞经济建设的同时把生态环境治理抛在了一边，甚至很多地方政府走的是"先发展后治理"的老路，使地方生态环境承载力不能与经济发展相适应。这也与我国环境行政管理体制有密切联系，虽然我国各级政府都设立了生态环境部门，但各级环境管理部门并未完全整合政府的环境管理职能，仍涉及多个政府部门，且在环境治理过程中都有自身利益考虑，无法使环境问题得到根治。以城市垃圾治理来看，城市垃圾已成为城市发展的一大阻碍，但垃圾处理涉及多个部门，如规划、市政、城管、生态环境、自然资源、住建等部门，要想使城市垃圾得到有效治理，就必须让各部门通力配合、协同合作。

在党的十八大以后，以习近平同志为核心的党中央高度重视生态环境建设，在生态环境建设方面形成了一系列新理念，采取了一系列新举措，地方政府在中央政府的指导下开展生态环境治理。但不容置喙的是，生态环境治理的效果虽稍有改善却与人民群众的要求相差甚远。一方面，地方政府在中央政府的行政压力下，地方环境治理政绩有所提升，但在生态环境建设领域仍有大量工作要做。另一方面，基于地方政府部门间职责不清、分工不当，各部门互相推脱责任、不敢担当的情况愈发严重，这种现象极大扰乱了地方政府环境协同治理的秩序。

2.地方政府部门环境治理责权不匹配

在地方政府环境协同治理中，地方政府各部门权力的范围如何划分，这不仅是地方政府环境协同治理工作的关键，还涉及深层次的部门权力匹配问题。从封建社会以来，权力作为官僚机构的象征，这种定律数千年来从未改变，对当前地方政府工作依然有深刻影响。法约尔曾指出："人们在想到权力时不会不想到责任，也就是说不会不想到执行权力时的奖惩——奖励与惩罚。……凡有权力行使的地方，就有责任。"在地方政府环境协同治理过程中，涉及生态环境部门、财政部门、住建部门、自然资源部门、城市综合执法部门、水利部门、交通运输部门等多个部门。如何科学合理地对涉及数量较多的部门分配权力和相应的责任，正是地方政府部门间权力不均的症结所在，而协同治理总是试图在多元主体之间寻求一种微妙的平衡，提供一种对各个行为主体合理平等赋权的路径。

（二）地方政府部门间交流沟通机制不畅

1.地方政府各部门间互信不足

地方政府各部门间在一般情况下，对于对话、互动均抱着期待的态度，期待各部门间能有政策的交流，达成共识以实现环境协同治理。但因为环境治理问题属长期性问题，并非能在一时之间就可以完全解决。因此在长期的共处中，各部门之间信任门槛降低，就无法激起永续互动的意志。各部门之间一旦缺乏互信，甚至有临阵脱逃的举措，视参与为极端的勉强，互动只是浮于表面的形式，未能抱着积极的态度投入，不能进行深刻的情感关注，也不能提出实质性的政策建议，更无法推进环境协同治理工作。这种不良的现象让各部门回归到其原本所持的狭小的政策视野内，无法经由互动协同的过程，解放已被牢牢束缚的思维体系。

2.地方政府各部门间缺乏信息沟通平台

在当前地方政府各部门运行机制中，由于各部门的职能不同，分管领域有异，所以在环境治理方面所掌握信息的多少必然有所不同。掌握生态环境信息资源的多少直接影响了地方政府各部门在环境协同治理中的工作理念和行为。无论在任何情况下，搜寻掌握信息资源须付出一定代价和成本，且人们处理信息的能力有限。在经济学领域，将信息在一定程度上视为一种资源，掌握了一定信息也就代表着掌握了一定的资源。在环境协同治理中，掌握更多的相关信息，对于在地方政府各部门的评比中，就有可能做出更多的政绩，获得更多的收益。由于缺乏良好的信息沟通平台，各部门无法主动分享部门信息资源，难以形成有效的互动协同局面，不利于地方政府开展跨部门环境协同治理工作，"囚徒困境"在一定程度上也不可避免地出现。

（三）地方政府跨部门政策执行协同度低

1.地方政府各部门行政执法冲突

行政执法作为政府按照法律法规行使公共权力的具体形式，与人民群众的联系最为紧密。行政执法体制是行政执法机构、制度的总体安排。长期以来，我国行政部门执法注重专业化，尽管近年来，一些地方政府实施了"集中行政处罚权"的综合行政执法改革，然而在执法主体规模中，专业化的部门执法力量依然是执行法律规范的主力军。在当前专业化的部门执法格局中，行政执法权根据各业务归口的不同分别存在于不同部门中，且越到基层，行政执法权越趋于分散和多样。

每一个行政执法部门都有各自的行政执法队伍，再加上地方政府部门之间职责不清、分工不当，许多行政执法部门存在职责交叉杂糅现象，导致我国许多公共事务领域都存在多个部门执法、部门之间重复交叉执法的现象。一些地方政府部门只关注与本部门领域职能相关的法律法规，对其他部门涉及自身的法律法规执行熟视无睹。例如，在乡镇的一家工厂向河流排放工业废水，乡镇所在县的环保部门对这一污染环境行为进行了处罚。接受处罚后未过两天，县水利部门发现这一污染河流现象，再次对该工厂进行了处罚。且当地乡镇政府也因污染河流为由，又一次对该工厂进行处罚。此案例只是地方政府各部门行政执法冲突的简单缩影，造成了执法重复、损害人民群众利益的后果。

2.政策执行效果相互抵消

由于执行政策过程中目标冲突、协同不力等多重因素，多个地方政府部门制定的政策执行效果存在互相抵消的现象，整体上取得的政策效应必然大打折扣，呈现出"1+1<2"的局面。一方面，针对特定的、具体的政府部门，在特定的阶段和时期，都存在着多重的政策目标，此类目标之间实质上存在着统一性之中的矛盾性。在地方政府接到上级政府的环境治理任务后，会将任务分解给各个部门。地方政府各部门在执行时需根据部门自身情况进行一定的取舍，则多个部门在执行过程中做出的取舍就会对环境治理的整体效果产生负面的抵消作用。另一方面，政策执行的效果还取决于地方政府各部门的共同参与、协同配合。在跨部门环境协同治理中，多个部门政策制定主体均有各自的利益打算，任何一个部门都有可能使政策执行出现成功或失败的结果。

（四）地方政府跨部门协同保障机制欠缺

长期以来，我国地方政府跨部门协同保障机制的欠缺主要表现为三个方面。第一，地方政府跨部门间的长效制度机制欠缺，未形成跨部门间的合作常态化。尤其是缺乏相关的法律法规来进行规范，容易造成地方政府部门行政行为的随意化。地方政府部门之间的协同合作只有通过行政命令或行政手段才能实现，且约束力和强制力对各部门而言都显不足。与此同时，对于跨部门间的协同合作的绩效考核和问责追责机制在环境协同治理中较为随意，都没有形成相应的体制机制，严重影响了各部门协同合作的积极性和主动性以及环境协同治理的效果。第二，地方政府的财政经费投入不足。由于环境治理需要投入大量财力并在经过一段时间后才可能取得一定效果，但现实是地方政府把有限的财力投入到了在短期内就可取得明显政绩的工程，忽视了地方政府环境治理的重要性，导致即使地方政府部门有开展环境协同治理的想法，却也是有心无力。第三，地方政府在环境治理领域的技术创新不足。针对环境协同治理目前出现的困境，就必须有先进的科学技术作为支撑，但当前的现实是不但缺乏先进的科学技术，而且现有的技术也无法满足跨部门环境协同治理的需求，这就必须引起我们的重视。

二、地方政府跨区域生态环境协同治理困境产生的原因

（一）缺乏环境治理的跨部门协同理念

1."政治锦标赛"加重了地方政府压力

正如周黎安提出的"行政发包制"和"政治锦标赛理论"，其认为"行政发包制和政治锦标赛的有机结合实际上使得关于中国政治经济学的两个重要但是一直相互独立的理论视角有机融合起来了"。在中国发展的实践中，中央政府控制着相当重要的稀缺资源，如资金、地方政府官员的升迁路径、项目等，且形成了一套自上而下的以 GDP 为导向的绩效评价体系并以此来作为地方官员升迁的标准。中央政府也通过对地方的转移支付来对其进行有效掌控，但由于中央政府无法及时充分掌握地方政府的行为信息，缺乏对地方政府的全面有效监控，地方政府在一定程度上可以通过项目审批、土地征收、招商引资等方式来获得资源。因此一些地方的生态环境遭到严重破坏，造成生态恢复成本极高的现象也就不言而喻了。地方政府间的政治锦标赛就实质而言是为完成上级任务且具有强烈功利主义的绩效竞赛，在地方政府唯 GDP 的理念下，GDP 增速具有"一高遮百丑"的作用。

党的十八大以后，2013 年 12 月中共中央组织部印发的《关于改进地方党政领导班子和领导干部政绩考核工作的通知》中强调，"选人用人不能简单以地区生产总值及增长率论英雄，不能简单地把经济增长速度与干部的德能勤绩廉画等号，将其作为干部提拔任用的依据，作为高配干部或者提高干部职级待遇的依据，作为末位淘汰的依据。地方各级党委政府不能简单地依此评定下一级领导班子和干部的政绩和考核等次"。这则通知有利于各级领导干部树立正确的政绩观，一些地方以牺牲环境为代价而换取一时的经济增长的现象得到有效遏制。在今后的工作实践中，要始终严格贯彻落实该通知的内容精神，切实杜绝"政治锦标赛"现象。

2."直线—职能制"的组织结构约束了部门间的沟通与交流

我国政府基本上都是按照"直线—职能制"的组织结构来设计的，"直线—职

能制"综合了直线制和职能制组织结构的优点，这样既有利于上级政府的命令下达和落实，也有利于任务的分工和处理。然而，"直线—职能制"组织的最大缺陷就是跨部门的沟通与交流程度低。在此模式下，由于地方政府一方面要管理本区域内的公共事务，另一方面其拥有的权力有限并接受上级政府、立法机关、监察机关、人民群众等多方面的监督，其行政行为不可避免地就具有自利性。从部门之间的沟通与交流而言，任何一个部门要与平行部门进行协同合作，都需要向上级领导部门反映，经过协调方可实现沟通、交流与协作。长此以往，部门之间就会形成一堵无形的"墙"，严重阻碍了跨部门间的沟通、交流与协作。

美国学者尤金·巴达赫针对组织重组却难以实现有效协同的现象指出："旧系统必须考虑之前拥有的更旧的基本逻辑，这将导致摩擦和沟通失败并最终被替换。新系统不可避免地重复同样的错误。最后，导致旧体制过时的社会发展状态是永久性和不可逾越的，即使重组完全成功，成功很大程度上也是短暂的。"部门之间需要协同合作，在很大程度上就会受到部门设置的影响。当前我国政府的行政层级主要划分为5级：国家级、省部级、司厅（局）级、县（处）级、乡镇（科）级，每个层级又分为正副两个层级。在现行等级森严的官僚制的结构中，行政级别差异化成为跨部门平等沟通交流的重要障碍。尽管经历了多次机构改革调整，但我国的行政机构体制仍不够科学高效。因此，党的十九届三中全会作出了进一步深化党和国家机构改革的决定，以期来解决当前体制机制中存在的问题。

（二）地方政府部门间存在利益冲突

1. 部门利益妨碍跨部门信息共享

信息在当今社会作为一种相当重要的资源，已成为政府部门所拥有的重要利益。作为部门利益的重要组成部门，信息在部门之间实现共享必然会受到部门利益的影响和制约。跨部门信息共享在很大程度上削弱了一些掌握信息情况较多的部门的优势，压缩了其进行寻租的空间。当前我国政府部门信息资源整合的关键点和难点在于其背后隐藏的部门利益。我国在信息资源方面占有优势地位的部门主要有：公安部门、发改委、财政部门、人社部门、统计部门等。出于部门利益保护，一些强势部门缺乏信息共享的积极性，甚至以本部门所垄断的信息资源进行谋利，严重影响着地方政府跨部门协同治理的进程和效果。以县级的秸秆禁烧工作为例，麦收期间经常有农民群众焚烧秸秆，人民群众的生命财产安全遭受威胁的同时，空气环境质量也迅速下降，给当地带来不少隐患。此项工作本应由生态环境部门和其他县直部门及乡镇政府协同努力来共同打好秸秆禁烧这场硬仗，但由于在信息共享方面的欠缺和部门利益的藩篱，秸秆禁烧工作并未取得明显成效。为此，加快建立信息共享沟通平台、打破部门利益藩篱，成为实现地方政府跨部门协同治理的重中之重。

2.部门本位主义导致跨部门消极协同或不作为现象

部门利益的损失会极大影响部门行为的积极性，进而从全局上影响跨部门协同治理的效果。跨部门协同治理将会推动部门利益走向协调均衡，将会削减原有治理格局中占有优势地位的部门利益，造成部门利益损失，则这些部门将会在今后的协同治理工作中表现出消极怠工、敷衍了事的态度，甚至在一定程度上会转化成协同治理的部门阻力和障碍。

在面对责任大、任务重、利益轻的公共问题时，一些政府部门将会把此问题看作像"烫手山芋"一样，从其狭隘的部门利益出发，推诿扯皮、不敢担责等一些跨部门协同"不作为"的局面就会不可避免地出现。他们只注重本部门"一亩三分地"的狭隘利益，互相推诿责任，规避风险，将问题与风险转嫁给其他部门承担。此外，一些部门的"四风"问题仍较为突出，一些官员仍有"各家自扫门前雪，休管他人瓦上霜"的心理，"推"和"脱"习气盛行，便形成了典型的不作为行为，构成了推进地方政府跨部门协同治理的隐性障碍。

（三）缺乏跨部门协同的监督

现阶段，在我国公共政策执行过程中监督主体较多，如党委、立法机关、司法机关、政协、新闻媒体、社会团体和人民群众等。然而在政策真正执行当中，各监督主体间的关系并未理顺，在监督方式、范围和程序等方面都不同程度地存在着具体问题。在监督过程经常各自为政、单兵作战，也未形成协同合作的关系，机构职能交叉的现象时有发生，监督责任未真正落实到位。威尔逊曾指出，"和立法同等重要的事，是对政府的严密监督"。公权力的肆意而为，并对其产生的后果不负责任，对人民群众和公共利益具有严重危害性。在经过几十年的不断实践和探索，党的十九大以后，我国进行了监察体制的全面深化改革，进一步捋清了职责、规范了程序、明确了范围，以期能够弥补之前在监督制约机制上的漏洞，真正建立起科学有效、切实可行的监督机制。

（四）相应的跨部门财政预算机制有待完善

财政作为国家治理的基石和重要支撑，部门财政预算作为政府部门开展工作的基础，也是干好其本职工作的"底气"。预算是政府编制的最为根本的财政收支计划方案，代表了政府下一步开展工作的重点内容和大致趋势。地方政府跨部门协同治理问题既反映在政府预算安排方面，又在一定程度上受预算安排的协同问题的影响。

公共预算编制缺乏合理性主要体现在两方面。一方面，我国政府预算编制实行由政府各部门编制预算的部门预算制度。这样就难免在一定程度上会出现财政部门与其他部门缺乏协同的情况。其他部门并不了解地方政府整体财政情况，其站在自身利益的角度在上报预算额度时，就会出现"狮子大开口"的现象。而财政部门在核定各部门的预算数额时，并不了解其他部门的实际工作情况，按照传统的"基数加增长"预算编制原则，随意压缩其他部门上报的预算额度。这就导致了今后地方政府在协同治理过程中各部门间易出现问题。另一方面，地方政府的预算分配呈现出碎片化的部门分割的特点。除财政部门外，通常也有一些部门具有一定权限的财政资金分配权力。例如在生态环境治理方面，除财政部门正常的拨付财政资金外，生态环境部门、发改委、住建部门、自然资源部门等多个部门都在不同程度上也有具有资金转移拨付权限。但这些部门通常缺乏协同机制，导致资金在项目选择和投向上没有明确导向，同一个项目多头申报、重复申报等现象时有发生，不利于实现财政预算资金的整体最大化。

第二节　企业在跨区域生态环境协同治理中的困境及原因

市场主体是指活跃于市场中的企业，企业与我们一样也存在于一定的生态环境中，并与生态文明建设密切联系。企业是进行商品生产和流通的经济体，将利润最大化作为其主要目的。我们可以按照提供的核心产品和服务的种类将企业划分为生态文明建设型和非生态文明建设型，根据这个分类可以将市场主体的协同问题分为企业内部的协同问题和企业之间的协同问题，下面将分别对它们进行说明。

一、内部交易成本过高，导致企业内部协同问题

企业内部的协同问题是针对生态文明建设型企业而言的，内部交易成本过高，

企业内部不协同。政府采取合同生产、购买以及其他一些手段，让生态文明建设型企业向社会提供生态文明建设产品和服务，从而在促进社会发展的同时，得以实现其自身想要获得利润的价值追求。此种类型的企业要想获得利润必须向社会提供生态文明建设相关优质产品和服务，其获取利润的多少与它所能付出的交易成本的多少成正比。众所周知，交易成本包括内部和外部两个方面的内容，其中，内部交易成本主要影响企业内部的协同。有调查结果显示，生态文明建设型企业面临着政府不讲信誉及政策不稳定的风险、项目在设计与建设中产生的风险以及项目投产之后的经营风险。这三项风险都可以内化为或直接归类为企业的内部交易成本，过高的内部交易成本导致企业内部的协同问题。

二、行为的不一致性，导致企业之间的协同问题

企业之间的协同问题是针对非生态文明建设型企业而言的，企业行为不一致，企业之间不协同。对这一类型的企业来说进行生态文明建设并不是获得经济利润的前提条件，而只是一种附带的社会责任，是社会对它的软约束。既然是软约束，就不具有强制性，是否进行生态文明建设主要依靠企业的自愿性。基于这种自愿选择会出现两种截然相反的情况：一些企业在发展自身经济的时候能够兼顾生态文明建设，而另一些则不去兼顾。企业行为的不一致性会导致"劣币驱逐良币"的结果，也就是说兼顾生态文明建设的企业需要比不兼顾生态文明建设的企业投入更多的成本，从而在竞争中处于劣势地位。这对兼顾生态文明建设的企业的积极性是一种很严重的打击，进一步造成非生态文明建设型企业之间的协同问题。

第三节　公众在跨区域生态环境协同治理中的困境及原因

生态环境治理的社会主体包括公民个人和环保非政府组织，它们二者在生态环境治理过程中都存在内部不协同和相互不协同问题。

一、生态保护能力和公共精神的缺乏，导致公民协同问题

公民的身体健康和日常生活受到环境污染的严重影响，他们是生态破坏最直接的受害者。公民的协同问题表现在公民个人和公民联合行动两方面，生态环境遭到破坏后，公民个人不采取行动进行生态文明建设，也难以联合他人修复生态

环境。其原因在于公民个人生态保护能力较低和缺乏公共精神两方面。

公民生态保护能力低，难以采取有效的生态保护和恢复措施。具体来说，公民是有保护与其生活息息相关的生态环境的动力的，但普通公民一般都不了解环境保护和生态恢复的专业知识和技术，同时，他们也无力承担环境保护和生态修复的高昂成本。众所周知，生态修复见效极其缓慢，即使有公民进行相关尝试也多因看不到效果而放弃。由此看来，公民个人的确缺乏进行生态文明建设所需要的能力，更加无力阻止甚至逆转生态环境的恶化。

公民缺乏公共精神，难以组织和采取联合行动。依照常理，保护生态环境是一种公共利益，生态文明越发达大家享受到的利益越多，所以公民应该普遍参与。事实上，在公民之间缺乏一种激励机制来促进公民的联合行动。更重要的是公共精神的缺乏，它极大地影响了公民进行生态文明建设的协同行为。公共精神是一种重视社会公众利益的、将利他作为重心的态度和行为方式。帕特南通过对意大利地区的观察表明，公共精神对公民组织的发展有着重要作用。发达的公共精神能够有效促进公民在生态文明建设中的协同行动，但在目前的中国，由于社会结构的不断变化重组以及西方文化和中国传统文化持续的交流碰撞等原因，公共精神不可避免地存在许多缺失、错位甚至缺位现象。公共精神的缺乏导致生态文明建设中的社会公民难以采取联合行动，影响了公民之间的协同。

二、发育程度低，导致环保非政府组织的协同问题

环保非政府组织是围绕环保这个主题进行志愿性活动，而且不把追求盈利作为最终目标的公民组织。在中国，环保非政府组织是参与生态文明建设协同治理的重要社会主体，施展着无可替代的巨大作用。环保非政府组织的协同问题，主要表现为存在志愿失灵，无法实现其生态文明建设的目标和宗旨。导致志愿失灵的原因有独立性不强、资源缺乏、专业能力不足以及公信力不高。

第一，环保非政府组织独立性不强，协同地位不对称。中国目前实行的社会组织管理体制是登记和主管机关互相分离、各司其职、严格把关、双重负责，以避免和削弱可能存在的政治风险的体制。这种把登记和业务管理单位互相分开的管理体制就是双重管理体制，在这种管理体制下，环保非政府组织获得合法地位的登记门槛过高，阻碍了其发展。许多环保非政府组织为了更方便地取得合法地位，采取挂靠党政机构的方式，作为党政机构的附属组织而存在，更像政府的助手或延伸机构，严重影响其自主性与独立性。环保非政府组织与政府的合作成为

一种从属性的合作，而非在平等地位上的协同关系，导致协同治理中二者地位的不对称性。

第二，环保非政府组织资源缺乏，协同能力不足。同其他社会组织一样，环保非政府组织面临的一个重要问题是资源短缺，主要表现为资金短缺和志愿者的短缺。资金在一定程度上决定着该类组织的独立性及其进行环保公益事业的功能。环保非政府组织主要的资金来源于政府的财政资金和民间捐赠，但政府对环保非政府组织的财政补贴占财政预算的比例非常低、数额有限；环保非政府组织的筹资能力较低，且很多不具备筹款资格，民间捐赠的资金更是少之又少。不仅如此，我国环保非政府组织的志愿者数量也很有限，在志愿者吸纳和管理方面缺乏有效措施，从而致使公益志愿的脆弱。资金和志愿者的缺乏使得环保非政府组织缺乏足够的能力与政府协同进行生态文明建设。

第三，环保非政府组织专业能力不足，多方协同困难。我国环保非政府组织资金有限，不以营利为目的，提倡志愿精神，无法通过丰厚的薪金待遇吸引高素质的专业人才；且志愿者多以兼职为主，人员频繁流动，专职人才有限，很难保持环保非政府组织高水平、持续性的专业能力。因此它面临着专业性人才匮乏、人才年龄老化和知识结构不合理等困境，在协调互动能力、资源动员能力、组织管理能力等方面，远远不及协同所需要达到的能力层次。专业化人才和专业知识的缺乏导致该类组织缺乏与其他治理主体交流合作、力量整合的协同能力，从而制约了其与政府、市场等主体之间协同开展生态文明建设的行动。协同能力的欠缺进一步成为导致政府放弃与之合作的原因。

第四，环保非政府组织公信力不高，协同功能遭质疑。组织公信力，主要是指社会大众对于组织的认同和信任程度，同时也是组织在社会中号召力、影响力、权威性和自身形象等的表现。一方面，政府对于环保非政府组织的管理从表面上看非常严苛，由不同部门分别负责登记与管理事项，而事实上却处于无人监管的局面。政府对其资金使用和活动过程缺乏有效监督，导致公益腐败现象时有发生。另一方面，环保非政府组织本身很少公开资金的使用情况，使得社会公众无法对它进行有效监督、缺乏必要的了解。公众既无法直接了解环保非政府组织的有关情况，也不能通过政府的有效监督去了解，致使上述组织的公信力偏低，从而引起人们对其协同功能的怀疑。

第四节　政府、企业与公众间生态环境协同治理的困境及原因

一、政府监管缺失和企业逃避责任，导致政府与企业间的协同问题

政府与市场在生态文明建设中的协同问题主要表现为以下两种情况。

（一）政府对市场的不协同：政府对企业的监管不到位

政府应该监督企业保护环境，对企业违反环境保护规定、破坏生态环境的行为予以处罚和制裁，但事实上政府对企业相关方面的监管并不到位。各个地方高耗能、高污染、高排放的"三高"企业的广泛存在就是政府对市场不协同的产物。政府监管的缺失会导致"劣币驱逐良币"现象的产生，有些地方甚至还会出现政企合谋现象，地方政府为了追求经济发展倾向于与企业合作，维护企业利益，阻挠环保部门职权的行使，甚至要求环保部门携带公章现场批准与要求不相适应的项目，默许企业破坏生态环境的行为。

（二）市场对政府的不协同：企业忽视和逃避生态责任

一些企业不遵守政府制定的环境保护法律法规，肆意破坏生态环境，并通过走关系、送礼贿赂官员等不正当手段逃避政府惩罚；一些企业向政府交纳的税款远远低于其对生态环境的破坏程度，政府用从企业取得的税款作为财政经费进行生态文明建设往往入不敷出；还有一些企业利用地方政府维持地方经济稳定、急于提高地区生产总值的心理，拒绝为其所排污染付费，也不治理其排放出的污染物。这些企业只追求经济利润，不关心生态文明建设，也不关注与政府协同治理生态问题。

二、沟通机制不健全，导致政府与公众间的协同问题

政府与社会在生态文明建设中的协同问题主要表现在两个方面，即政府对社会和社会对政府双方面的不协同。

（一）政府对社会的不协同：政府关注自身利益，冷漠对待社会主体的环境需求

一方面，政府在行政过程中往往从自身利益出发采取行政措施，政府为了获得更多经济利益就容易与企业合谋而忽视公民和环保非政府组织的环境诉求。另一方面，生态文明建设的成本过高，要实现公民和环保非政府组织的环境诉求，费时费力又费钱，是非常麻烦的事情。政府更希望用简单的方式解决问题，因此会发生政府故意压制社会主体环境利益诉求的事情，例如动用武装警察强行压制公民争取环境利益的联合行动，从而激化环境群体性事件。

（二）社会对政府的不协同：社会主体不支持政府的生态文明建设行为

部分政府的生态文明建设政策缺乏科学性、执行方式不合理，引起公众不满，其中有一部分是因为生态环境的破坏严重侵害了公民的环境利益，但公民缺乏畅通的利益表达渠道，只能通过"散步"、游行甚至直接与政府对抗的途径来维护自身利益；部分政府对政策解释不到位，导致民众不能很好地理解其政策行为，从而引起社会对政府的不协同，四川什邡事件就是最典型的体现，"如果政府在钼铜深加工项目之前就已面向社会充分公开相关信息，并邀请民众参与论证或听证会，接受民众质疑，并予以详细回应，从而取得民众理解，那么本次冲突事件即完全有可能得到避免"；部分公民主张的环境利益需求不合理，产生了个人利益与集体利益之间的冲突，不愿意与政府协同进行生态文明建设。

三、严重的利益冲突，导致市场与社会间的协同问题

市场与社会在生态文明建设中的协同问题同样也表现在两个方面，即市场对社会不协同和社会对市场不协同两方面。

（一）市场对社会不协同：企业恶意地打击报复那些要求其履行生态文明建设责任的社会主体

部分企业只追求经济利润的增长不顾生态环境的维护和修复，生态责任意识淡薄，为了减少治理本企业排放污染物的成本、增加企业利润，会采取非法直排、偷排偷放等机会主义策略。社会公众和环保非政府组织等社会主体要求企业履责的呼声和对企业不履行社会责任的抗议活动对企业的声誉、产品生产和销售等都

会产生负面影响，进而影响企业的利润收入，企业无法忍受降低其利润收入的行为，进而通过付费等方式与当地的小混混搞好关系，利用他们对社会公众和环保非政府组织进行恶意的打击报复。

（二）社会对市场的不协同：社会主体扰乱企业的生产经营活动，导致企业产生直接的经济损失

社会对市场的不协同分为两种情况：一种情况是企业的生产行为真的破坏了生态环境，又拒绝对其污染采取治理措施，社会主体在不得已的情况下，采取抗争方式维护自身的生态环境利益；另一种情况则是企业正常的生产行为并没有破坏生态环境，一些公众和老赖以生态污染为"理由"讹诈企业以获取金钱利益，后者为了不惹怒这些老赖，使自己能够顺利生产只好花钱买清静。

以跨区域生态环境协同治理中的问题为事实依据，才能更好地解决问题，才能促进其不断发展和进步。目前我国跨区域生态环境协同治理的问题主要有政府主体的协同问题、市场主体的协同问题、社会主体的协同问题及三者之间的协同问题。引发协同问题的原因很多，但最根本的是利益原因，各主体都面临着不同的利益冲突：政府会产生追求公共利益还是政府自身利益的两难选择，企业面临着生态利益与经济利益之间的冲突，而公民则需要在其发展利益与生存利益二者间做出抉择。

第六章 跨区域生态环境协同治理利益主体界定及其博弈分析

第一节 跨区域生态环境协同治理利益相关者角色与责任界定

生态环境协同治理利益相关者由政府（中央及地方政府）、企业、公众共同组成。它们在生态环境治理中，各自行使着不同职能，相互补充。这种多元管理模式仍然以政府为主导，并不是取代政府在生态环境治理中的地位和作用。在生态环境协同治理中，生态环境治理需要一个这样的"协同治理组织"，尽管各利益主体所代表的组织形式多样，但最终起到的作用目标一致，即政府宏观调控指导，市场配置资源，公众共同参与维护生态环境安全和可持续发展，如图 6-1 所示。

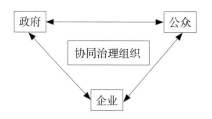

图 6-1 "政府—企业—公众"网络结构图

协同治理就是在"政府—企业—公众"的网络结构中更好地行使公共权威的互动合作过程，而协同治理组织则在这个多元网络中不断协调。协同治理理论是要形成一个企业、政府和公众三足鼎立，社会组织多方参与的局面。各个利益主体遵循不同的行动逻辑，政府主要通过等级控制、垄断性权威和强制性权力来提供公共物品和公共服务，企业通过自由竞争机制、价格机制和利润来配置社会资源，公众则通过道德、志愿、慈善、发言权和集体行动来参与公共环境治理，协同治理组织则通过举报、监督、倡议等参与环境污染治理。在社会的价值体系中，企业构成经济资本，政府构成制度资本，公众构成社会资本。治理的主旨就是在这"三足"的多元互动之中寻求政府与企业和公众之间的动态平衡。在生态环境污染协同治理的责任结构中，政府在现阶段仍旧是处于主导地位，即必须合理定位，转变职能，培育和扶持一个独立自主的企业和公众组织。

政府起着主导作用。无论是生态环境资源的保护与管理，还是生态环境污染的治理，政府仍然是保护与治理的主导力量。好的政策必须置身于国家经济和社会发展的框架下进行，特别是要考虑可持续发展、公平和财产调节、创造就业、减少人口压力等问题。生态环境资源丰富的地区或者是生态资源贫乏的地区，其政策都是会受到国家宏观经济和部门间的政策影响。许多地区都在调整政策及措施，以刺激各方利益主体能更好地利用生态资源为经济和社会服务。

企业和公众相互制约、相互监督。在民主发达、法制健全的国家，公众对政府权力起着巨大监督制衡作用。但在发展中国家，企业和公众处于被支配的附属地位，在治理生态环境污染活动中，这种不均衡的状态就是在治理活动中经常会遇到的。政府失灵、市场失灵和公众自身利益最大化，势必会造成治理生态环境污染中的局限性和有限理性。各方利益主体还不能实现地位平等、权力均衡，这就需要创新治理模式，实行协同治理。

协同治理组织协调各个主体。在整个模式的构建中，协同组织始终把监督公众与企业的排污情况和对污染的治理情况作为首要责任，并且把公众对生态环境的美好愿景向政府或者有关环保部门反映。在整个多中心治理模式下协调着政府与企业、公众在治理生态环境污染的关系。协同治理组织向政府举报市场的"不规范"运作，按照治理标准对照公众在治理中的行为及成果并提出建议，向政府反映公众对生态环境的诉求，充分协调协同治理的各个利益主体，以改善生态环境质量。

一、政府在生态环境协同治理中的角色和责任

（一）政府在生态环境协同治理中的角色

1.执行者

各地方政府需对本地生态环境质量负责，实行严格的环保绩效考核、环境执法责任制和责任追究制；各地方政府在中央政府的领导下，应按照本地发展战略要求，积极推动有机食品、绿色食品和无公害食品的生产，推进本地区循环经济的发展；实施排放总量控制、排放许可和环境影响评价制度等；加强地区合作，建立跨省界河流断面水质考核制度；健全环境监管机制，提高监管能力，加大环保执法力度；实行清洁生产考核、环境标示和环境认证制度，严格执行强制淘汰和限期治理制度；实行环境质量公告和企业环保信息公开制度，鼓励社会公众参与并监督环保。

2.投入者

通过环保产业或相关项目控制环境污染的形成。地方政府可以出台有关环保经济政策，促进民间资本向环保领域流动，遵循市场规律、发挥经济杠杆作用。运用政府权威和组织能力动员全社会治理污染，保护生态环境。各地方政府治理环境污染需要组织各类资源的投入，各级地方政府是生态环境保护的投入主体，包括组织资源、政策资源、物质资源等。组织一定生态区域和居民社区的环境活动，提倡成立环境社团等。由于各地方政府财政实力强弱差距较大，还应该努力建立社会化、多元化环保投融资机制。因此，除了要求各级政府要将环保投入作为本级财政支出的重点并逐年增加，大力发展环保产业之外，还应运用经济手段加快污染治理市场化进程。

3.协调者

生态环境污染的治理是一项系统的社会工程，既需要不同地区地方政府之间的合作，也需要政府各职能部门之间的协同工作、密切配合。地方政府协调合作、联动治理生态环境污染的行为需要来自外部的推动力量。协调包含两个方面的含义，一方面是地方政府在治理生态环境污染中的合作或者是靠利益驱动，因此需要协调本地区经济发展与生存的环境以及流域日趋严重的污染。要求地方政府制定本地区生态环境污染治理的长期规划。另一方面是或者来自中央政府的安排、命令、鼓励等措施，因此需要协调不同地方政府间的合作。为避免在生态环境污

染治理中的冲突、内耗，减少生态环境污染治理过程中的管理摩擦阻力，政府应发挥协调作用。在现实中，他们往往是相结合的促进生态环境污染的联动治理。

（二）政府在生态环境协同治理中的责任

政府是生态环境协同治理制度的设计者。生态系统如何管理，资源如何开发、利用和保护都由政府制订规则。国家通过制定法律法规制度，确认资源产权，交易规则等，设立政府机构制定管理资源权利和职责。政府参与生态环境污染治理的决策和实施受当前社会经济体制影响，其治理绩效也有所不同。生态环境污染治理也有赖于地方政府的参与，地方政府在实践中具有政策的制定和实施双重身份。

1.加快构建有利于转变发展方式的绩效考评体系

必须树立更加科学的政绩观和建立更加完善的考评指标体系，克服以往单纯的以地区生产总值为核心的政绩考评体系，从根本上防止地方政府的机会主义行为。我国是一个资源相对贫乏的国家，提倡和推广发展循环经济，既可以节约资源，提高资源利用率，又可以减少污染排放，减少环境污染的发生。当前，国内主要有七种循环经济发展模式，对资源节约、环境保护有着重要作用和意义，如表 6-1 所示。

表6-1　国内循环经济发展模式

模式类型	方　法	发起人
工业生态整合模式	基于传统企业族群式发展模式的思考，在工业区建设过程中，以某种产业为主导，再配置一些以该产业排放物为原料或将排放物作为主导产业的原料的共生企业，以构建区域循环经济运行体系	开发商企业
清洁生产模式	基于未来发展成本的选择，推广清洁生产技术	开发商企业
产业间多级生态链连接模式	不同产业之间进行有效的连接来实现资源的高效利用	开发商企业
生态农村园模式	利用农村产业模块之间的连接关系来实现能量与物质之间的循环利用	企业园区管理者
家庭型循环经济模式	节约家庭能源支出，实现农村废弃物的高效利用，提高家庭经济运行效率	家庭业主

（续　表）

模式类型	方　法	发起人
可再生资源利用为核心的循环经济模式	建立以可再生资源利用为核心的区域循环经济模式，从而既能节约投资，又能建立一个符合循环经济原理的区域经济发展模式	公众实体企业
商业化回收处理模式	建立专业化的回收渠道，由专门的回收公司进行代理回收，并通过返还出售时征收的环境污染税来鼓励人们将废弃物的高科技产品主动移交给回收公司，由此将废弃物产品集中到生产企业，进行再利用或相关处理	公众实体开发商企业

资料来源：董淑阁.关于建立农村循环经济发展模式的思考[J].可持续发展,2009（2）:36-38

促进财政收入较高的发达地区主动治理生态环境污染的积极性。为此，为建立地方政府间良性竞争，应将环境问题纳入考评指标体系中。因此，为有利于转变本地发展方式，避免生态环境的进一步恶化，为了避免更大范围的生态环境污染，把资源的利用效率和环境绩效纳入干部考核范围，从而控制各类环境污染产生的路径，并督促地方政府更为重视保护生态环境、节约资源。同时中央政府要根据区域间的联动治污绩效考核的实际状况，给予相应的财政补贴和建设项目支持。

2.建立生态环境污染的补偿机制

由于国家长期以来对生态环境保护不够重视，这就要求建立一种新的补偿机制。而这种补偿机制是指，中央政府及各级地方政府对生态环境污染控制给予的补贴、财政拨款及制定的相关法律法规政策等。我国公众在生产和生活中，缺乏足够的技术支撑，生产者缺乏足够的环保意识和安全生产知识，实际上就决定了各级政府是生态环境污染控制、生态环境建设的利益补偿主体。这种补偿主体的地位主要表现在：一方面各级政府应是生态环境污染控制补偿机制建设的投资主体。为保障不同补偿途径具有稳定的资金来源，各级政府应为生态环境污染控制补偿机制建设大量投资，建立多渠道、多层次、多方位的资金筹措机制，应加大对该区域的投入力度。另一方面各级政府应是生态环境污染控制补偿机制建设的行为主体。为建立、健全政府对农村生态环境建设的合理补偿机制，并进行有效的制度安排，这就要求各级政府不仅需要对参与环境污染控制工作的参与者的近期利益进行直接补偿，还需要制定有关的法律法规以及采取有关的政策措施。

3.明确治理生态环境污染的政策导向

各项政策主要指从影响成本和收益角度入手，采用鼓励性或限制性措施，利用市场价格调节、税费调节或经济奖励等方式，促使本地生产者减少、消除污染从而使本地生产外部成本内部化，增加政府和本地生产者在污染控制政策执行上和本地生产管理的灵活性，最终有利于本地环境的改善和保护。价格调节是指通过本地产品上市价格反馈本地生产本身，通过快速测定对产品品质进行定位。不达标产品降价销售或低质低价。生态税费是对生态环境定价，利用税费方式征收。由于公众行为与环境开发导致的生态环境破坏的外部成本，税务部门依据专门检测机构对本地环境的检测报告，进行征税。我国目前没有纯粹的环境税和生态税，汽车消费税是当前唯一具有环境税含义的税种。国家可以利用的措施包括产业政策、税收政策、教育政策和人事政策等。这些政策的作用是鼓励各地方政府联动治理生态环境污染，并建立跨省界断面水质考核机制，落实上下游污染防治责任。

4.生态环境污染的激励管理

激励集体以更高的热情投入生态环境污染控制工作中，通过对在生态环境污染控制工作中做出突出贡献的个人、单位或集体给予称号或挂靠行政虚职。荣誉激励可以产生"领袖效应"，带动更多的人参与到环境污染控制工作中，通过精神奖励扩大社会知名度。落实好"以奖促治"和"以奖代补"的政策措施，充分发挥环保专项资金的示范带动作用，反过来可以发挥各个经济主体和公众的参与积极性，对监督地方政府治理生态环境污染具有促进作用。

二、企业在生态环境协同治理中的角色和责任

市场机制的本质是不同的市场主体以自愿交易的方式实现各自利益的最大化。企业参与生态环境污染的治理，主体是来自于从事产品的加工、贸易、制造等企业。市场机制主体的动力，来自营利组织和个人的"经济人"动机。其"经济人"的行为方式的改变，也可以构成生态环境污染治理系统的一部分。从事产品经营活动的参与者的经营决策对生态环境状况产生直接影响，甚至从根本上改变农村生态系统的结构功能。提高企业的生态责任对维护本地生态资源系统的平衡具有重要意义。这也需要区域和国家采取国家性公共政策行动，如提供激励机制等措施。

企业是治理生态环境污染的市场主力。企业一方面在促进农村经济发展、解决农村剩余劳动力转移、推动城镇化发展中提供了大量的物质和技术基础，但是企业在发展的同时由于企业生产的不经济性，也给生态环境带来了生产污染，如化肥厂的废水排放、造纸厂的废水废气排放等气体、液体污染。所以，政府作为社会系统的管理者，协同治理模式的主导者，通过财政手段、市场交易手段、绿色融资等手

段对企业的经济活动进行调节以达到保持环境和经济社会发展相协调的目标。

企业在协同治理模式中是治理的有力力量，企业在治理污染中有着雄厚的资金和技术实力，治理污染的效率也比较高。但是企业是营利性企业，追求利润最大化，在生产过程中超标超量排放废弃物，出于自身利益考虑企业也不会去主动治理污染。因此，企业在治理污染时需要政府部门、协同治理组织的强制与监督。

企业既是生态环境污染的制造者也是污染治理的生力军。企业一旦遵守政府的排污规定同时承担社会治污的责任，那么发挥企业的先进技术优势、利用企业的经济资源在治理污染中也会有显著成效。

三、公众在生态环境协同治理中的角色和责任

（一）公众在生态环境协同治理中的角色

我国当前的政府环境管理模式和体制对于生态环境污染的治理将难以发挥作用。其中将广大公众排除在决策监督主体之外是最大的缺陷，而公众恰恰是生态环境保护和治理中不可或缺的重要力量，主要表现在以下几个方面。公众人数众多，如果发挥他们的积极性，就可以改变目前政府孤军奋战环境治理的格局，形成"自发秩序"，大大地降低制度运行的成本。广大公众既是环境污染的制造者，又是生态环境污染的受害者，他们对于本地哪里有污染、污染的严重程度和具体情况最为清楚。公众是生态环境污染的直接受害者，可以通过宣传教育让他们懂得污染的危害，对生态环境污染极为敏感，发挥他们在环境污染治理中的监督管理作用。生态环境保护仅仅依靠政府是行不通的，它需要广大公众的共同参与，从而可以改变"违法成本低，守法成本高"的现状。

公众是生态环境保护的力量渊源和最终动力，离开他们的参与，环境保护工作也将会像无本之木、无源之水，停滞不前。公众是治理生态环境污染的主力军，也是治理生态环境污染的受益者。公众是资源环境的相关者，天然拥有参与资源环境治理的权利和义务。生态环境污染直接影响公众的生产、生活居住环境，治理生态环境污染对公众的生产生活至关重要。其次公众作为消费者，其自身行为或行动也是有力的治理力量。例如，选择购买环境友好的产品，如绿色环保家电、使用沼气或太阳能灶和能耗低的设备等，通过市场影响商业活动的环境行为。公众在生态环境污染的治理中应该发挥"主人翁"的作用，把治理生态环境污染、改善生态环境当作自身的责任。限制了公众参与环境管理，限制了政府对环境治理

与保护的力度，也就限制了他们对美好与舒适环境的追求。因此，我们必须调动公众群众参与生态环境保护的主动性和积极性，最终形成全社会支持和关心本地环保工作的良好氛围，使生态环境保护成为亿万公众的全社会的共同事业和共同行动。

（二）公众在生态环境协同治理中的责任

1. 公众参与的多样化

生态环境管理公众参与的多样化是指公众能够实现全方位、多渠道的参与，形成全面的、系统的合力，推动生态环境保护的发展。参与的多样形式主要表现在三个方面。一是观念性参与。它既是最重要、最深刻的参与方式，又是最广泛、最基本的参与方式。在公众中广泛树立保护环境的公德教育，因为一切的改变往往都是以观念的改变开始，使绿色观念和环境意识在全体公众中生根，对实际生产、生活中的环境问题足够重视，负有环境管理的社会责任感，并转化为每个公民个人自觉的生产规范和生活理念。二是合作性参与。它既包括与政府、政府间组织、科学界、私人部门、非政府组织和其他团体互动、支持、交流、配合，共同致力于生态环境保护，也包括引进环保技术和先进经验和国际的环保资金，让它们服务于我国生态环境保护事业。对于生态环境保护而言，广泛的合作具有十分重要的意义。三是政策性参与。向公众公开环境质量标准、环境政策、执法依据、办事程序、收费项目和标准等多项环境管理内容，让公众参与生态环境保护和环境管理的全过程，为公众参与生态环境管理提供信息保证，这是公众参与行为真正落实的关键。对一些群众反映强烈的环境污染事件，必须实行环境状况通报制度，让公众了解辖区的环境状况。此外，邀请村民参与认证会，避免决策失误，要让公众参与新建项目的环境影响评价论证会。定期对在生态环境保护中做出重大贡献的公众和环境决策中提出重要建议的公众，以物质和精神的奖励，并形成一个完整配套、全方位、协调平衡一体化的生态环境综合政策体系。

2. 公众参与的有序化

实现公众参与生态环境保护的有序行为，是一种双赢的政治参与行为。生态环境管理公众参与的有序化是指公众在法律、法规和制度规定的范围内，合程序地、有步骤地、合规范地参与生态环境保护。它不仅能有效地表达公众的环境要求与环境利益，而且可以形成公众与政府之间的良性互动，从而促成政府环境管理工作的改进和管理绩效的提高。其主要内容表现在下述几个方面。首先是公众参与的合法性。具体表现为对现行法律法规和国家基本政治制度的遵循，以及公众参与途径方式的合法利用。其次是公众参与的程序性。任何政治制度都要通过政治运行得以实现，公众参与的程序化利于政治体系的稳定和社会的有序发展。其实现的效应在很大程度上取决于人们对程序的遵守，体现为公众对参与程序的遵从，归根到底是对政治制度的认同。这既是社会和谐发展的要求，又是政治进步的表现。最后是公众参与的合理性。合理性的公众参与，标志着公众公民意识的成熟，主要表现为对参与目标的合理确定，对参与方式的正确选择，对生态环境问题的合理分析，对相关法律、制度的遵循，并注重进行"成本收益"评估，以选择消耗最少、利益最大的参与方式。

3. 公众参与的组织化

公众环境组织主要分两大类：一是以社团为单位开展环保活动、组织环保宣传的临时性组织；二是以单位、部门为主体组织环保协作的较为固定、较为经常的业务性组织。公民有组织地参与政治是现代社会政治发展的一个趋向。亨廷顿认为，组织是通往政治权力之路，它既是稳定的基础，又是政治自主的前提。因此，公众只有拥有自己的环境保护组织，才能不断增进对环境保护的参与度。而这些组织是实现环境民主和公众参与的社会基础和组织保证，也是一支有影响力的社会力量，在生态环境保护中起着十分重要的作用。其作用主要表现在以下几方面。从组织功能看，在法律允许的范围内，公众环境保护组织在政府和公众之间起到"纽带"和"桥梁"的作用，把公众真实意见反馈给政府，有力地推动了政府把权益真正赋予公众，为生态环境事业建言献策。从表达功能看，当公众个人作为分散的个体和孤立的个人面对环境问题时，他们更需要团体力量的支持。公众环境保护组织，其本身天然地和公众具有密切的联系，是公众自发建立的，表达公众对环境保护的观点。从教育功能看，强化环境道德的功效，有效地提高公众的环境保护意识。公众环境保护组织可以对公众开展以自我参与为主的形式多样的环境教育活动，进而使得公众环境保护意识得到提高，这样可以使他们更积极地参与环境非政府组织的活动。从监督功能看，政府的行为是否合法、是否到位，还需要公众的监督。因为政府在环境管理中既是管理者，又是被监督者。公众环境保护组织，作为社会力量的主要代表，有着十分重要的环境监督作用。

第二节　跨区域生态环境协同治理多主体静态博弈分析

生态环境污染会带来公众的不满，从而倒逼地方政府和污染企业重视环境治理工作，然而现实基层的利益协调机制又会影响地方政府和污染企业环境治理的成效。生态环境治理是一个长期的、系统性的过程，一旦轻视又会引发环境污染，从而导致环境纠纷。污染企业以自身的企业利益为主，不会主动把环境治理作为生产决策的考虑因素，而公众最能直接感知到环境问题的严重程度，是环境保护的参与主体和环境治理中的监督主体，地方政府平衡于经济发展、社会稳定和环境治理之间，充当环境污染治理监管者的角色。

跨区域生态环境协同治理的相关利益主体主要包括污染企业、公众以及地方政府。从博弈论的视角，我们选取污染企业和污染企业、公众和公众、政府和污染企业、公众与污染企业、公众和政府等角度加以分析，从而揭示矛盾产生的根本原因。

一、污染企业之间的博弈分析

企业生产必然造成工业污染，投资治理排污在短期内不会带来收益。污染企业选择治污与否，与其自身承担的社会责任和其他企业是否治污以及政府是否进行监管有着密切关系。我们首先分析污染企业与污染企业之间是否治污的博弈。

假设该地区有甲、乙两个污染企业，他们面临治污和不治污两种策略选择。甲企业选择治污策略得到的收益是 R_1，选择不治污策略得到的收益是 M_1；乙企业选择治污策略得到的收益是 R_2，选择不治污策略得到的收益是 M_2。甲乙两企业博弈的利益矩阵如表6-2所示。

表6-2　污染企业间博弈矩阵

		乙企业	
		治污策略	不治污策略
甲企业	治污策略	(R_1, R_2)	(R_1, M_2)
	不治污策略	(M_1, R_2)	(M_1, M_2)

如果企业选择治理排污，则企业需要投入资金，安装排污系统，从而增加了生产成本，且由于环境治理投资所带来的利益具有滞后性，短期内企业利润是下降甚至亏本的。在机会主义或者"搭便车"心理的驱使下，企业的最优选择是不治污。由此可见，甲企业和乙企业不治污取得的收益要大于治污取得的收益，即 $M_1 > R_1$，$M_2 > R_2$。在没有外在制度压力的条件下，甲乙两企业根据理性经济人假设的最优决策均为不治污，即此博弈存在纳什均衡为（M_1，M_2）。

二、公众之间的博弈分析

公众在工作生活过程中，由于自身行为的自主性、决策的分散性，在面对环境污染的情况下，公众选择治理与否与公众自身的素质与其他公众治理与否直接相关，这就形成了公众在面临选择治理环境污染中的相互博弈，公众是否参与治理污染依赖于其他公众是否参与治理污染，从而形成博弈。为建立分析模型，假设公众共同参与治理污染的成本为 $2C$，公众参与治理污染后带来的收益为 R；公众不参与治理污染造成的污染损失为 D。在相同的环境下，公众对是否参与污染治理进行博弈，博弈利益矩阵如表 6-3 所示。

表 6-3 公众治理环境支付矩阵

		公众 B	
		参与治理	不参与治理
公众 A	参与治理	（$R-C$，$R-C$）	（$R-2C$，R）
	不参与治理	（R，$R-2C$）	（D，D）

公众共同治理即均摊治理成本为 C，均获得收益 R，则公众获得的净收益为 $R-C$，当公众单独参与治理时，治理的收益为 $R-2C$，其余公众"搭便车"的收益为 R。从支付矩阵中可以看出，选择治理都是公众的劣战略，因此公众都会选择不治理以获得最大收益，公众间博弈进入纳什均衡，即（D，D），最终使得公众参与治理污染走入"囚徒困境"。

三、污染企业与政府的博弈分析

污染企业会始终坚持以营利为导向的运营模式来促进自身的发展，追求用最小的成本获取最大的收益。而政府是以公益为导向的公共机构，政府期望污染企业在促进当地经济发展的同时，兼顾不危害生态环境这一重要前提。因此，在污染企业与政府的博弈中，如果政府不发挥强制性和权威性的作用，制定强有力的政策措施对企业的排污系统加以控制和监管，将造成政府职能的缺失，导致政府与企业最终的博弈结果不利于环境的可持续发展，从而损害公共利益。

在我国经济发展过程中，政府政策与企业行为既相互约束，利益又互相影响。污染企业更多的是追求降低成本，利润最大化，这必然会污染环境，损害社会公众利益，而政府更多的是追求社会效益，所以他们在这一方面是相互约束的，必然会存在冲突和博弈。

为了进一步研究地方政府和污染企业的博弈关系，做出如下假设：

（1）地方政府的抽查监管费用为 A。

（2）企业进行污染治理的成本为 C，收益为 π_1，给政府带来收益 π_2（$\pi_2 > A$）。

（3）企业不进行污染治理且政府不监管时，企业收益为 π_3（$\pi_3 > \pi_1$），但若造成严重污染，地方政府需要增加治理费用 E。

（4）地方政府在抽查中发现，企业排污超标，会对企业进行处罚 P，对不排污或已进行过污染处理并达到标准的企业进行奖励 G。（$A < C < P$）

（5）假设地方政府对企业的监管概率为 γ，企业排污的概率为 θ，$0 \le \gamma$，$\theta \le 1$。

根据以上假设，地方政府和污染企业博弈的得益矩阵如表6-4所示。

表6-4　政府与污染企业博弈支付矩阵

		污染企业	
		排污	不排污
地方政府	监管	（$P-A$，π_3-P）	（π_2-A-G，π_1-C+G）
	不监管	（$-E$，π_3）	（π_2，π_1-C）

在假设（5）的基础上，根据混合策略纳什均衡概率分布，对于排污企业来说，地方政府"监管和不监管"使得排污企业"排污和不排污"的得益相同，即 $\gamma(\pi_3 - P) + (1 - \gamma)\pi_3 = \gamma(\pi_1 - C+G) + (1 - \gamma)(\pi_1 - C)$，解得 $\gamma' = (\pi_3 - \pi_1+C) / (G+P)$。同理，对于地方政府来说，排污企业"排污不排污"使得地方政府"监管不监管"的得益相同，即 $\theta(P - A) + (1 - \theta)(-E) = \theta(\pi_2 - A - G) + (1 - \theta)\pi_2$，解得 $\theta' = (\pi_2+E) / (P+E+G)$。所以此博弈的混合策略纳什均衡为 $\gamma' = (\pi_3-\pi_1+C)/(G+P)$，$\theta' = (\pi_2+E)/(P+E+G)$，即地方政府以 $(\pi_3 - \pi_1+C)/(G+P)$ 的概率监管，排污企业以 $(\pi_2+E) / (P+E+G)$ 的概率排污，由此可以看出，如果加大对于排污企业的处罚力度，可以使排污企业排污概率降低，提高环境保护效率。然而，从另一个角度来想，某些严重污染的企业对于本地经济的发展和就业

稳定产生较大影响，如唐山的钢铁产业，但地方政府考虑到财政收入和就业等问题，可能会对企业的污染视而不见，这体现地方政府和排污企业利益相互影响的方面，同时这也是地方环境污染问题屡屡得不到解决的原因之一。

四、公众与政府的博弈分析

我国对公众进行监管的主要是地方政府，为了研究方便，以下均用政府一词代称。按照我国法律规定，政府被赋予了对所辖地区进行行政、经济、环境等方面的管理职能，如强制征税、强制个体遵守政策法规、对地方环境污染进行监管和治理等。然而，在公众和政府存在着一种独特的关系，即公众的真实代表是政府。政府作为一种特殊的利益集团，除了受上级政府委托管理本地区经济、社会和环境保护等事务外，还有代表其自身利益的一面。换句话说，政府是独立的利益主体，它既是地方利益包括环境利益的监管者，又是独立的利益追求者，而且还是许多利益获取规则的制定者，于是造成了公众和政府之间的复杂的博弈关系。

我们把公众主体视为一个整体，存在政府的约束，且这种约束是有效率的。此外，我们还假定，政府对公众的生活和环保成本、效益、执行环境标准的情况、是否履行环保义务等有着清楚的了解，即政府和公众在信息上是对称的。不过，这里的地方政府不仅扮演着监管者的角色，而且是一个独立的利益主体。

为构建分析模型，假设变量如下。

（1）对公众而言，投资环保（治污）成本为 C_1；

（2）若不投资环保，处罚成本为：$C_2 = P \times X$，其中 P 为监管效率（$0 \leq P \leq 1$），X 为罚金；

（3）若不投资环保，可获利益的增量为 R（与环保投资相比而言）；

（4）θ 为从事环保投资的概率。

对于政府而言：

（1）监管成本为 K_1；

（2）（放任排污）获取经济利益（税收增加）为 T；

（3）不监管情况下存在的政治风险成本为 $K_2 = q \times Y$，其中 q 为风险概率（$0 \leq q \leq 1$），Y 为风险成本；

（4）ϕ 为从事监管的概率。

则公众与政府博弈支付矩阵如表 6-5 所示。

表6-5 公众与政府博弈支付矩阵

		公众	
		保护	不保护
地方政府	监管	(C_1-, $-C_1$)	($P \times X - K_1$, $-P \times X + R - T$)
	不监管	(C_1, $-C_1$)	($T - qY$, $R - T$)

给定 θ：政府选择监管 $\phi = 1$ 和不监管 $\phi = 0$ 的期望收益为

$$\pi(\phi = 1, \theta) = (C_1 - K_1) \times \theta + (PK - K_1) \cdot (1 - \theta) = \theta \times C_1 + (1 - \theta) PK - K_1$$
$$\pi(\phi = 0, \theta) = C_1\theta + (T - qY) \cdot (1 - \theta)$$

令：$\pi(1, \theta) = \pi(0, \theta)$，可得 $\theta = 1 - \dfrac{K_1}{PX - (T - qY)}$

由 $0 < \theta < 1$，故有 $PX - (T - qY) > K_1$，亦即促使公众投资环保的前提条件是政府的得益要大于所需的监管成本。当 K_1 趋向于 0 时，θ 趋向于 1，这意味着政府监管越容易，公众越不得不投资环保。对于 $\theta > 0$，必定有 $PX > K_1$ 和 $Y \geq T$，或有 $PX \geq K_1$ 和 $qY > T$，此时政府有监管动力。对于临界点，我们可进一步讨论如下：

若 $PX - (T - qY) = K$，或当 $T = qY$ 和 $PX = K_1$ 时，有 $\theta = 0$，这意味着政府作为利益主体保持盈亏平衡，亦即其政治风险成本被税收增加所抵消，因而缺乏监管动力，可能导致公众不投资环保。

给定 ϕ：公众选择保护投资（$\theta = 1$）和不保护（$\theta = 0$）的期望收益为

$$\pi(\phi, \theta = 1) = -C_1 \cdot \phi - C_1(1 - \phi) = -C_1$$
$$\pi(\phi, \theta = 0) = (R - T - PX)\phi + (R - T)(1 - \phi) = -\phi PX + R - T$$

令：$\pi(\phi, 1) = \pi(\phi, 0)$，可得 $\phi = \dfrac{C_1 + R - T}{PX}$，（$R > T$）

由 $0 \leq \phi \leq 1$，可得 $C_1 + R - T$ 和 $PX \geq C_1 + R - T$

对于临界点，我们可进一步讨论如下：

若 $-C_1 = R - T$，则有 $\phi = 0$，这意味着当排放情况下公众获得利益增量的净所得被排污造成的损害（即治污所需投资成本）所抵消时，公众无利可图，采取自我节制排放，此时政府也没有监管动力；当 $PX = C_1 + R - T$ 时，有 $\phi = 1$，意味着当罚金数额达到治污所需成本与公众获得利润增量的净所得之和时，政府势必监管。

同样，在制度存在缺陷的情况下，公众也能够预期到政府对经济利益的偏好会强于对政治风险的规避。给定政府采取松懈监管的策略，公众的最优策略是放任污染排放，故选择（不监管，不保护）可以让政府和公众获取最大的经济利益，就成为集体行动的"纳什均衡"。

上述模型说明，政府"代理"中央政府或上级政府的污染治理任务的同时又是公众模糊产权的真实代表，其多重角色的身份定位，决定了政府在环境保护与经济发展上的两难选择。政府作为利益相关者，在环境保护中必然会权衡自己的利益得失，并且以利益最大化作为行为的标准和最终目的，而当制度不能抑制地方政府的机会主义倾向时，追求地区生产总值增长的政府对经济利益的偏好一般均强于对政治风险的规避，其结果就是放松对公众的环境监管而追求本地的经济增长，这就是所谓的"政府失灵"。

五、公众与污染企业的博弈分析

生态环境污染得不到治理，公众的生产生活环境、居住环境将受到极大破坏。企业面对环境污染出于自身利益最大化考虑则不予理睬，甚至在生产过程中超标生产，超标超量排放生产污染物。而不参与生产的公众一般不会主动去治理污染，而且也没有足够的能力去治理环境污染，那么公众在受到污染的损害时，可以通过询问、批评、要求、提意见或建议等形式，来维护和实现自身的权益利益。这就形成了公众在治理环境污染改善居住、生活环境时与排污企业之间的博弈局面。

鉴于实际情况，假设政府对公众的举报不是逐一受理和进行监督调查。从人员、经费、调查成本和所举报污染的严重程度等综合因素方面考虑，政府对公众检举可以有一定的选择权，可是，政府部门及其所在的工作人员无法保证每个人都是公正无私和秉公办事的，很有可能通过一些其他手段让政府或所在部门的工作人员产生偏好倾斜，我们做这样的假设，从某种意义上说，是符合现实条件的。现在我们假设公众与企业的博弈是这样的原因和起因。首先是公众发现水体、大气受到面源污染，于是为维护自身的权益，向政府部门进行举报，而政府也可能会承受污染所带来的损害。如果政府接受公众举报，并根据企业产生面源污染各方面的评定，来考虑或决定是否对造成面源污染的乡镇企业进行监管和处罚。

局中人 $I=\{1=$ 公众，$2=$ 企业 $\}$，这里公众的目标是自身福利最大化，企业的目标是实现利润最大化。ω 属于 $[0，\omega(\_\_)]$ 为污染企业的超标程度，$\omega=0$ 表示企业按照规定排污；表示为最大限度和可容许的超标程度，否则政府将关闭污染超标 ω 的企业；$\pi(\omega)$ 为污染的企业在污染程度为 ω 时，获取的因节省污染处理成本的额外收益。$\pi(0)=0$，$\pi(\omega)>0$，即污染越严重，获利越大；$D(\omega)$ 为企业因排污超标而引起污染总量的失控，对公众1所造成的额外损失。$D(0)=0$，$D(\omega)\geq 0$，即污染越严重，额外损失就越大；$K=\{k_1, k_2\}$，K 表示为公众的策略集，k_1 表示为公众因受到面源污染损害后，向政府的举报，k_2 表示为公众出于某方面的原因，采取不举报。$\gamma(\omega)$ 表示为公众受到损害并向政府举报的概率，并假设成本为 M；$T=\{C_1, C_2\}$，C_1 表示为政府接受公众举报并展开对企业的调查，C_2 表示为政府对公众的举报采取不调查的行为；$P(\omega)$ 表示为政府接受公众的举报，并展开对企业的调查概率；$F(\omega)$ 表示为政府通过调查发现企业产生污染，则没收企业的污染排放所得，并根据污染程度进行罚款；$M=\{M_1, M_2\}$ 表示为企业的选择策略集，$M=M_1$ 为企业选择污染排放的行为，$M=M_2$ 表示为企业选择守法经营。$\theta(\omega)$ 为企业在不同污染排放程度时，所选择污染行为的概率。企业先行，选择污染排放的程度 ω，当公众举报污染企业超标程度为 ω 时，企业和公众都不知道政府是否展开调查和接受举报，但他们知道：

$$P\{T=C_1\}=p(\omega)$$
$$P\{T=C_2\}=1-p(\omega)$$

显而易见，当政府对待公众举报采取不同的态度时，公众和企业很关心政府对公众参与能力的肯定程度，并得到不同的博弈结果。采取不同态度的企业与公众博弈矩阵，如表6-6所示。

表6-6　公众与污染企业的监督举报博弈矩阵

$T=C_1$		公众	
		举报	不举报
污染企业	排污	$-F(\omega)$, $-M$	$\pi(\omega)$, $-D(\omega)$
	不排污	$(0, -M)$	$(0, 0)$

$T=C_2$		公众	
		举报	不举报
污染企业	排污	$\pi(\omega)$, $-M-D(\omega)$	$\pi(\omega)$, $-D(\omega)$
	不排污	$(0, -M)$	$(0, 0)$

通过博弈矩阵，我们可以得到一个博弈结论，公众参与的积极性越高，会相对减轻政府的监管投入，对环境污染和生态破坏的制造者施加的压力越大。政府在这方面的关注与投入，很大程度上取决于公众参与环保的积极性。我们还可以从博弈矩阵中看到，公众监督并举报的概率和政府对于接受举报并进行调查的概率成反比，这恰恰表明政府与公众之间的相互依存、相互依赖的关系。如果政府

执法效率提高，采取各种措施对企业污染排放的惩罚力度加大，在公众看来，这就表明了政府对治理企业污染的态度非常坚决，因此公众认为企业超标排放污染的可能性不大。反之，如果公众参与不积极，这样势必会增加政府监管的控制成本，则政府为使企业污染达标，不得不提高自己的治理效率。

从生态环境污染多中心治理静态博弈分析可以看出，公众间博弈、公众与政府间博弈及公众参与的博弈，在没有政府介入和约束的完全竞争市场经济下，博弈双方受理性的支配，趋于不合作的结果，形成非合作博弈，博弈的纳什均衡对生态环境污染治理是不利的或低效率的。而在政府实施强有力的有效监督的情形下，可以使博弈达到有利于环境保护的均衡。由于中央政府和地方政府之间的"智猪博弈"，地方政府也不会主动地治理污染，而是等待着上级政府的行动，而公众参与环境保护是提高其环境公共财产品质，享有其环境权利，履行其保护环境义务，实现社会公正的有效过程。

第三节　跨区域生态环境协同治理多主体动态博弈分析

生态环境污染中的利益相关者间的相互博弈，使得生态环境污染与治理出现不断交替的循环趋势。本节利用博弈论的基本原理，建立污染企业、政府和公众三者的动态模型并求出模型的均衡解，并对均衡解进行分析，从而探索彻底治理生态环境污染的对策。

一、基本假设

博弈论提出，一个博弈参与人所做出的决策，将影响其他博弈参与人的决策及其所得结果，反过来，这个博弈参与人的决策及其所得结果，也要受到其他博弈参与人的决策的影响，即各方参与人博弈的最终结果，都要受到各参与人决策的影响（张维迎，2013）。

（1）假设在自由竞争的市场经济中，污染企业只能接受地方政府规定的排污收费标准而不能对其施加任何影响，博弈的各方都是理性经济人，其选择都是为了使自身利益最大化。

（2）只要政府对污染企业排污和环境治理情况进行跟踪检查，就一定能查实污染企业是否如实上报排污量及有无违规排放污染物，政府对污染企业的排污检查方式是长期的、随机的抽查。

（3）公众受到污染企业的排污的影响，引发环境污染纠纷，在与污染企业交涉无果后，公众会选择向政府有关部门反映情况，或者进行上访和环境诉讼以维护自身环境权益和保护公众的生存环境。公众面对社会关系和强势的致害主体，也可能选择不进行环境维权，承受工业污染带来的损害。

（4）如果公众采取相关措施进行环境维权，政府则根据各方面的因素来决定是否受理公众的污染举报，决定是否对污染企业进行污染处罚。污染企业一旦被发现未如实上报排污量，就要接受一定的惩罚，若公众对其提出诉讼，还要对公众的损失进行经济赔偿。

二、模型基本要素

动态博弈是指博弈参与人的行动或决策是有先后次序的，后社会行动者能够观察并发现到先行动者所选择的行动。

（1）参与人：污染企业、政府、公众。

（2）参与人的策略选择：企业的策略选择为违规超标排污、达标排污，政府的策略选择为检查惩罚、不检查不惩罚，公众的策略选择为环境维权、不维权。

（3）参与人的信息集：污染企业违规排污未如实上报排量的概率是 p_1，污染企业合规排污且如实上报排污量的概率是 $1-p_1$；政府对污染企业进行检查的概率为 p_2，不检查的概率为 $1-p_2$；公众进行环境维权的概率为 p_3，不维权的概率为 $1-p_3$。

（4）三方博弈人（污染企业、政府、公众）的期望收益函数为 P_1，P_2，P_3。为了求得参与人的收益函数，先画出环境治理问题的博弈树，如图 6-2 所示。

污染企业是博弈过程的初始决策点，污染企业违规排污且未上报排污量的概率是 p_1，不违规排污且如实上报的概率是 $1-p_1$；污染企业行动后，政府再做行动，政府进行污染检查的概率是 p_2，政府不进行污染检查的概率为 $1-p_2$；最后是公众进行环境维权行动，公众进行环境维权的概率是 p_3，公众不进行环境维权的概率是 $1-p_3$。

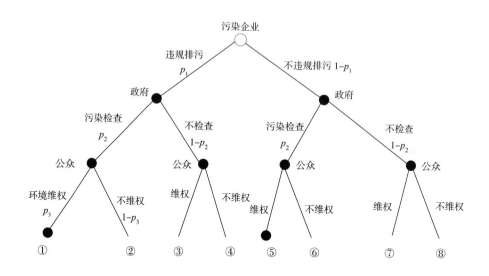

图6-2 "政府—企业—公众"环境治理博弈树

$$P_1 = p_1 p_2 p_3 [E - ue - ts - \theta(E - e - s) - aD - D_0] + p_1 p_2 (1 - p_3)[-ue - ts - \theta(E - e - s)] +$$
$$p_1(1 - p_2)p_3(-ue - ts) + p_1(1 - p_2)(1 - p_3)(-ue - ts) + (1 - p_1)[-(E - E_0) - tE_0]$$

$$P_2 = p_1 p_2 p_3 [-H_0 + ts + \theta(E - e - s) + D_0] + p_1 p_2 (1 - p_3)[-H_0 + ts + \theta(E - e - s)] +$$
$$p_1(1 - p_2)p_3(ts + D_0) + p_1(1-)(1 - p_3)(ts) + (1 - p_1)p_2(-H_0 + tE_0) + (1 - p_1)(1 - p_2)(tE_0)$$

$$P_3 = p_1 p_2 p_3 [-D + aD] + p_1 p_2 (1 - p_3)(-D) + p_1(1 - p_2)p_3(-D - D_0) + p_1(1 - p_2)(1 - p_3)(-D)$$

其中：a 是污染企业治理单位排污所用的成本与所获收益的差，E 是污染企业污染物排放量，u 是污染企业进行污染物治理的成本与收益之差，e 是污染企业污染治理后的污染物排放量，s 是污染企业上报环保部门的污染物排放量，t 是污染企业排污的收费标准，D 是工业污染对公众造成的损失，D_0 是公众的环境诉讼和上访等的费用，H_0 是政府对污染企业进行检查的成本，$\theta(E-e-s)$ 是政府对检查到的违规污染企业的惩罚函数，aD 是污染企业对公众的线性赔偿，a 是大于零的常数。

三、三方动态博弈模型及其均衡解

在确定各个节点的三方博弈主体（污染企业、政府、公众）的收益的基础上，需要求解出三方动态博弈的均衡解。求出动态博弈模型的均衡解的方法是逆向归纳法：即先最大化最后一个博弈参与主体的期望收益，得出最后一个博弈参与主体的最优解；然后把最后一个博弈参与主体的最优解，代入倒数第二个博弈参与主体的期望收益，最大化倒数第二个博弈参与主体的期望收益，得出倒数第二个博弈参与主体的最优解……以此类推，直到得出第一个博弈主体的最优解，这些最优解则是所求动态博弈模型的期望收益的均衡解（张维迎，2013）。本书为先求出公众的期望收益函数，最大化公众的期望收益函数，得出公众的利益最优解；然后求出政府的期望收益的函数，最大化政府的期望收益的函数，将公众的期望收益的最优解代入，得出政府期望收益的最优解；最后求出污染企业的期望收益函数，最大化污染企业的期望收益函数，将公众与政府的最优解代入，得出污染企业的最优解，这些求解出来的最优解即为动态博弈模型的均衡解（张艳霞，2010）。该模型的均衡解：

$$\text{Max} \quad P_1 = p_1p_2p_3[-ue - ts - \theta(E - e - s) - aD - D_0] + p_1p_2(1 - p_3)[-ue - ts - \theta(E - e - s)]$$
$$+ p_1(1 - p_2)p_3(-ue - ts) + p_1(1 - p_2)(1 - p_3)(-ue - ts) + (1 - p1)[-u(E - E_0) - tE_0]$$

$$P_2 = p_1p_2p_3[-H_0 + ts + \theta(E - e - s) + D_0] + p_1p_2(1 - p_3)[-H_0 + ts + \theta(E - e - s)] +$$
$$p_1(1 - p_2)p_3(ts + D_0) + p_1(1 - p_2)(1 - p_3)(ts) + (1 - p_1)p_2(-H_0 + tE_0) + (1 - p1)(1 - p_2)(tE_0)$$

$$P_3 = p_1p_2p_3[-D + aD] + p_1p_2(1 - p_3)(-D) + p_1(1 - p2)p_3(-D - D_0) + p_1(1 - p_2)(1 - p_3)(-D)$$

最优化的一阶条件为

$$\frac{\partial P_1}{\partial p_1} = p_2p_3[-ue - ts - \theta(E - e - s) - aD - D_0] + p_2(1 - p_3)[-ue - ts - \theta(E - e - s)] + (1 - p_2)(-ue - ts)$$
$$- [-u(E - E_0) - tE_0] = 0$$

$$\frac{\partial P_2}{\partial p_2} = p_1p_3[-H_0 + ts + \theta(E - e - s) + D_0] + p_1(1 - p_3)[-H_0 + ts + \theta(E - e - s)] - p_1p_3(ts + D_0)$$
$$- p_1(1 - p_3)(ts) + (1 - p_1)(-H_0 + tE_0) - (1 - p_1)(tE_0) = 0$$

$$\frac{\partial P_3}{\partial p_3} = p_1p_2[-D + aD] + p_1p_2(-D) + p_1(1 - p_2)(-D - D_0) + p_1(1 - p_2)(-D) = 0$$

利用逆向归纳法，可得出污染企业、政府、公众三方动态博弈模型的均衡解为

$$P_1 = \frac{H_0}{\theta(E - e - s)} \tag{6-1}$$

$$P_2 = \frac{D_0}{aD + D_0} \tag{6-2}$$

$$P_3 = \frac{u(E - e - E_0) - t(s - E_0)}{D_0} - \frac{\theta(E - e - s)}{aD + D_0} \tag{6-3}$$

四、模型结果

由式（6-1）可以得出以下重要结论：

第一，污染企业排污超标并且没有如实向政府上报排污量的概率p_1，只和政府对污染企业检查的成本H_0以及惩罚函数$\theta(E-e-s)$有关。

第二，当H_0的值越小，污染企业违规排污且虚报排污量的概率就越小。说明当政府对污染企业进行检查的成本H_0减少时，地方政府的检查力度会加强，那么污染企业排污超标且没有如实上报概率就会减小；反之，污染企业选择超标违规排污且虚报排污量的概率就会增加；当$\theta(E-e-s)$越大时，概率p_1就会越小。说明当政府对违规排污企业的惩罚力度越大，污染企业就越不敢随意排放污染物，就会倾向于选择治理污染，出现排污超标且未能如实上报排污量的概率就会降低；反之，污染企业超标违规排污且虚报排污量的概率就会增加。

由式（6-2）可以得出以下重要结论：

第一，政府对污染企业的检查概率p_2，与环境诉讼和上访的费用D、公众获得的赔偿函数aD相关。

第二，当aD的数额越大时，p_2越小，说明污染企业赔偿公众损失的金额越大，污染公司则不会违规超标排污，更倾向于自觉治理污染。污染企业自觉上报排污量并自觉进行环境治理，政府的检查力度就能减少；反之，政府的检查力度就要加大，才能防止污染企业违规排污。当公众的环境诉讼和上访的费用D越小，p_2就越小，说明公众维权的成本越低，公众维权的积极性就高，同样，环境维权力量越强大，也能相对降低单个公众的环境维权的成本和风险。

由式（6-3）可以得出以下重要结论：

第一，公众环境维权的概率p_3，与污染企业治理污染物的成本与所得的收益之差u、环境维权获得的相关赔偿函数aD、环境维权成本D、政府对污染企业的惩罚函数$\theta(E-e-z)$，以及政府对排污企业征收的排污费T有关。

第二，当u的值越大时，说明污染企业治污的成本就越高，就越会违规排污降低成本，公众环境维权的可能性也就越大；当D的值越小时，p_3的可能性越大。公众的环境维权成本越低，公众进行维权行动的积极性会更高。当$\theta(E-e-z)$越大时，P_3就会越小，说明政府对违规排污企业的处罚力度越大，污染企业就越不敢违规排污，对污染治理的自觉性和积极性更高，使得污染的危害大大减小，同样公众维权的概率自然降低。当aD越大，p_3就越大，说明污染企业对公众的赔偿金额越大时，公众通过环境维权获得一定的经济赔偿的概率就越大。当 T 越大时，p_3 就会越小，说明当政府对违规排污企业征收的排污费越多，污染企业更不敢违规排放而是先进行污染物的处理再精心排放，违规排污概率自然就降低，公众维权的概率也就会降低。

第四节　跨区域生态环境协同治理多区域博弈分析

一、相邻地区跨区域环境污染治理博弈分析

（一）环境质量效用函数

从效用函数的角度来定义，由于环境的外部性，当一区域所造成的环境污染影响到区域的环境质量效用函数时，这一种环境污染就是跨区域污染。假定第 i 个区域从环境质量获得的效用用 U_i 来表示，则

$$U_i = U(E_i, T(E_j)) \qquad (6-4)$$

其中，E_i 表示第 i 个区域的环境质量。在存在跨区域污染的情况下，一区域环境质量效用大小不仅受到来自本区域的污染程度的影响，而且还受到通过扩散函数 $T(E_j)$ 所体现的来自于区域 j 的环境污染的影响。对于扩散函数 $T(E_j)$ 来说，它可能是单向的，也可能是双向的。双向扩散体现的是不同区域在环境污染方面的相互影响。

为有效应对越区域污染所带来的环境配置扭曲的问题，一区域在制定环境政策时就需要考虑环境政策与环境污染相关区域的利益关系。我们假定一种最简单的情形：假定跨区域污染只涉及两个相邻的区域，两个相邻区域分别为 i 和 j；假设跨区域污染属双向环境跨区域污染。则根据公式（6-4），两区域的环境质量效用函数分别为

$$U_i = U(E_i, T(E_j)) \qquad (6-5)$$

$$U_j = U(E_j, T(E_i)) \qquad (6-6)$$

为分析方便，在环境质量效用函数中，不再考虑环境污染扩散函数 $T(E_j)$ 或 $T(E_i)$，而直接将各区域的污染量作为环境质量效用函数的参数。这样式（6-5）、

式（6-6）就变为

$$U_i = U(E_i, E_j) \tag{6-7}$$

$$U_j = U(E_j, E_i) \tag{6-8}$$

（二）相邻地区跨区域环境污染治理博弈模型

假定区域 i 和区域 j 都是理性的经济人，在环境决策中，以环境福利最大化即环境质量效用最大化为目标。针对环境污染问题，它们可以选择合作或不合作的策略。

所谓不合作的环境政策策略是指在每个区域各自都追求自身最优化，即最大化自己的效用或最小化自己的成本。而合作的环境政策战略则是把两个区域作为一个共同体，决策时追求共同体的最优化，即最大化其共同体的效用或最小化共同体的成本。

对于不合作策略的最优化来说，也就是要满足如下条件：

$$\frac{\partial U_i}{\partial E_i} = 0 \tag{6-9}$$

$$\frac{\partial U_j}{\partial E_j} = 0 \tag{6-10}$$

对于合作策略的最优化来说，就是要满足条件：

$$\text{Max}(U_i + U_j) \tag{6-11}$$

即

$$\frac{\partial U_i}{\partial E_i} + \frac{\partial U_i}{\partial E_j} = 0 \qquad \frac{\partial U_j}{\partial E_i} + \frac{\partial U_j}{\partial E_j} = 0 \tag{6-12}$$

等价于

$$\frac{\partial U_i}{\partial E_i} = -\frac{\partial U_i}{\partial E_j} \qquad \frac{\partial U_j}{\partial E_i} = -\frac{\partial U_j}{\partial E_j} \tag{6-13}$$

式（6-13）表明：在合作策略下，每个区域在制定环境政策时，不仅要考虑本区域环境污染的影响，而且还要考虑来自其他区域的污染对本区域环境的影响。

现在考虑两区域在合作与不合作策略下所形成的博弈策略均衡问题。每个区域在治理环境污染时，都有合作与不合作两种策略，由此形成了四种不同的策略组合，博弈的支付矩阵如表6-7所示。两个区域采取合作的环境策略所获得的总收益为16，大于两个区域都不合作的收益8，也大于一方合作而另一方不合作的策略组合的收益 12。表 6-7 表明只要至少有一个区域选择了合作，则两个区域获得的总收益就要比双方都采取不合作的收益大。从模型来说，当一方选择不合作时，另一方倾向于选择合作；而当一方选择合作时，另一方则倾向于选择不合作。很显然该博弈又是一个"囚徒困境"问题，博弈不存在纯粹的纳什均衡解。

表6-7　区域*i*和区域*j*的博弈支付矩阵

		区域 *i*	
		合作	不合作
区域 *j*	合作	（8，8）	（2，10）
	不合作	（10，2）	（4，4）

　　两个区域如果作为一个共同体进行决策的话，无疑应该选择合作的策略。但问题是在缺乏一个可靠的合作和信任机制的情况下，每个区域无法相信另外一个区域关于合作的承诺。那么如何激励两个区域倾向于选择合作的策略呢？这就要考虑如何将总收益在两个区域之间进行分配。比如如果区域 *i* 选择合作而区域 *j* 选择不合作时，相对于两者都不合作的情况而言，选择合作的区域的收益将从 4 减少到 2，而选择不合作的区域的收益将从 4 增加到 10。之所以不合作的区域的收益会增加，原因是环境质量是一种公共资源，不合作的区域没有采取更多的措施来减少污染排放，但是却可以通过"搭便车"从另外一个区域减少污染排放的活动中分享优越的环境质量的好处。这样不合作的区域通过减少治污成本而增加了自己的收益，而采取合作策略的区域则需要额外支付由于相邻区域通过扩散效应所增加的环境污染的费用，相应地其收益也因此而减少。如果我们通过建立一种机制，让在环境污染治理上不合作的一方由于选择不合作的环境政策所增加的收益部分或全部被转移支付给合作的一方，则这样的机制就会使原来持不合作倾向的区域在将来的环境政策中主动地选择合作的策略，从而实现（合作，合作）的纳什均衡。

　　通过上述分析可知，在发生跨区域污染的情况下，要实现两个区域在污染治理上的互相合作，就需要对收益进行再配置以改变博弈结构。收益再配置的手段可以采用转移支付方式，或通过某种市场机制如排污权交易的方式进行。当然要实现合作博弈的纳什均衡状态，就需要区域之间进行谈判。让每个区域都要意识到，对待跨区域污染问题，每个区域采取合作和协商分配的利益至少不会比不合作的策略要差。实践表明，像大气污染、河流污染、酸雨污染等的国际合作，都充分证明了通过合作获得巨大收益的可能性。

　　在跨区域污染治理中，相邻区域充分合作和务实的策略是防止和减少污染损失的最佳途径。

二、多个地区跨域环境污染治理博弈分析

在跨区域污染中，很多情况会涉及多个区域的环境利益问题。在缺乏一个超越区域自主权之上的"超组织"存在，排污方可能就会以"主权"原则为借口，以本区域经济利益最大化为目标，向环境排放超标的污染物，这些污染物通过环境介质进而可能对多个区域的环境产生负外部性。环境作为公共资源，在缺乏约束的情况下，势必由于各个区域追逐经济发展的目标，使跨区域环境污染呈现愈演愈烈之势。

（一）博弈模型的基本假定

下面我们对多个地区参与跨区域环境污染治理的博弈情况进行分析。

假定在治理跨区域污染的行动中，有 n 个区域参与，由于没有一个超自主权的组织存在，我们把每个区域视为一个独立的理性行为个体。环境需要每一个个体共同努力治理污染，环境质量才能有根本的好转。为分析方便，做下列假设：

（1）假定第 i 个区域对跨区域污染治理的自愿治理量为 g_i，总的污染治理量为：$G = \sum_{i=1}^{n} g_i$。

（2）假定第 i 个区域的效用函数为 $u_i(x_i, G)$，这里 x_i 为第 i 个区域用于购买其他项目的数量。也就是，每一个区域所获得的效用取决该区域用于其他项目的数量和环境质量的情况。G 在这里虽然表示的是污染治理总量，但在排污总量一定的情况下，G 越大，则环境质量水平就越高；

（3）假定 $\dfrac{\partial u_i}{\partial x_i} > 0, \dfrac{\partial u_i}{\partial G} > 0$，并且其他项目支出和污染治理支出的边际替代率是递减的，即 $P(G) = \dfrac{\partial u_i / \partial G}{\partial u_i / \partial x_i}$，是关于 G 的减函数；

（4）假定其他项目支出的单位费用为 Px，用于污染治理的单位费用为 PG，M_i 为第 i 个区域的预算总支出。

（二）多个地区跨区域环境污染治理博弈模型

在以上基本假定下，每个区域面临的问题是给定其他区域的选择的情况下，选择自己的最优策略 (x_i, g_i) 以最大化下列问题：

$$\text{Max} u_i(x_i, G) \tag{6-14}$$

$$s.t. \qquad p_x x_i + p_G g_i \leqslant M_i, G = \sum_{i=1}^{n} g_i \qquad （6-15）$$

也就是要最大化下列目标函数：

$$L_i = u_i(x_i, G) + \lambda(M_i - p_x x_i - p_G g_i) \qquad （6-16）$$

式（6-16）中的 λ 是拉格朗日乘数。函数式（6-16）的最大化一阶条件为

$$\frac{\partial u_i}{\partial G} - \lambda p_G = 0 \qquad \frac{\partial u_i}{\partial x_i} - \lambda p_x = 0 \qquad （6-17）$$

消去 λ，最大化一阶条件变为

$$\frac{\partial u_i / \partial G}{\partial u_i / \partial x_i} = \frac{p_G}{p_x}, \quad i = 1,2,\cdots, \ n \qquad （6-18）$$

这就是 n 个区域参与的有关环境污染治理量的均衡条件。n 个均衡条件决定了多区域生态环境污染资源治理的纳什均衡：

$$g^* = (g_1^*, \cdots, \ g_i^*, \cdots, \ g_n^*), \ G^* = \sum_{i=1}^{n} g_i^* \qquad （6-19）$$

G^* 为 n 个区域在追逐自身利益最大化时，总体所实现的纳什均衡环境污染治理量。问题是这种基于局中人个体利益最大化目标的纳什均衡污染治理总量是不是也能够实现总体利益最大化呢？即纳什均衡治污量是不是一定就能够达到帕累托最优状态呢？

我们假定作为 n 个区域总体（也可以认为是全球）的社会福利函数为

$$W = \alpha_1 u_1 + \cdots + \alpha_i u_i + \cdots + \alpha_n u_n = \sum_{i=1}^{n} \alpha_i u_i, \qquad \alpha_i \geqslant 0 \qquad （6-20）$$

α_i 个区域的效用权重，u 为第 i 个区域的效用函数，我们可以把它看作第 i 个区域的社会福利函数。将 n 个区域的预算约束条件相累加，可以得到 n 个区域总体的总预算约束条件为

$$p_x \sum_{i=1}^{n} x_i + p_G \sum_{i=1}^{n} g_i = p_x \sum_{i=1}^{n} x_i + p_G G \leqslant \sum_{i=1}^{n} M_i \qquad （6-21）$$

基于共同利益最大化原则，就是要最大化下列目标函数：

$$L = \sum_{i=1}^{n} \alpha_i u_i - \lambda(\sum_{i=1}^{n} M_i - p\sum_{x}\sum_{i=1}^{n} x_i - p_G G) \qquad (6\text{-}22)$$

式（6-22）最大化的一阶条件是：

$$\sum_{i=1}^{n} \alpha_i \frac{\partial u_i}{\partial G} - \lambda p_G = 0 \qquad (6\text{-}23)$$

$$\alpha_i \frac{\partial u_i}{\partial x_i} - \lambda p_G = 0, \qquad i = 1,2,\cdots,\ n \qquad (6\text{-}24)$$

将 n 个等式中的拉格朗日乘数 λ 消去，可以得到 n 个区域组成的总体环境达到最优的帕累托均衡条件：

$$\sum_{i=1}^{n} \frac{\partial u_i / \partial G}{\partial u_i / \partial x_i} = \frac{p_G}{p_x} \qquad (6\text{-}25)$$

这个条件表明帕累托最优要求所有局中人的边际替代率之和等于其用于单位环境污染治理及其他项目支出的费用比率。

帕累托最优条件式（6-25）也可以写为

$$\frac{\partial u_i / \partial G}{\partial u_i / \partial x_i} = \frac{p_G}{p_x} - \sum_{i=1}^{n} \frac{\partial u_i / \partial G}{\partial u_i / \partial x_i} \qquad (6\text{-}26)$$

式（6-26）意味着当实现帕累托均衡状态时，最优的环境污染治理数量大于纳什均衡的环境污染治理数量。

为了进一步说明帕累托均衡与纳什均衡之间的冲突，我们可以做如下证明：

假定效用或福利函数采用下列柯布—道格拉斯形式：

$$u_i = x_i^{\beta} G^{\gamma} \qquad (6\text{-}27)$$

其中，$0<\beta<1$，$0<\gamma<1$，$\beta+\gamma \le 1$，$\frac{\partial u_i}{\partial G} > 0, \frac{\partial^2 u_i}{\partial G^2} < 0$。在此假设下，环境污染治理个体最优的均衡条件式（6-28）就可以写为

$$\frac{\gamma x_i^{\beta} G^{\gamma-1}}{\beta x_i^{\beta-1} G^{\gamma}} = \frac{p_G}{p_x} \qquad (6\text{-}28)$$

把预算约束条件代入并整理，可以得到单个局中人的反应函数：

$$g_i = \frac{\gamma}{\beta + \gamma} \cdot \frac{M_i}{p_G} - \frac{\beta}{\beta + \gamma} \sum_{i \neq j} g_i, \quad i = 1, 2, \cdots, \ n \tag{6-29}$$

假定所有区域有相同的预算支出（M），在纳什均衡情况下，每一个区域自愿治理的跨区域环境污染的数量都相等。单个区域纳什均衡的污染治理量为

$$g_i^* = \frac{\gamma}{n\beta + \gamma} \cdot \frac{M}{p_G}, \quad i = 1, 2, \cdots, \ n \tag{6-30}$$

则 n 个区域纳什均衡污染治理总量为

$$G^* = ng_i^* = \frac{\gamma}{n\beta + \gamma} \cdot \frac{M}{p_G} \tag{6-31}$$

由式（6-31）可以得到帕累托最优的一阶条件：

$$n \frac{\gamma x_i^\beta G^{y-1}}{\beta x_i^{\beta-1} G^y} = \frac{p_G}{p_x} \tag{6-32}$$

把总预算约束条件代入式（6-32），可以得到单个区域的帕累托最优跨区域污染治理量：

$$g_i^{**} = \frac{\gamma}{\beta + \gamma} \cdot \frac{M}{p_G} \tag{6-33}$$

n 个区域帕累托最优跨区域污染治理总量为

$$G^{**} = ng_i^{**} = \frac{n\gamma}{\beta + \gamma} \cdot \frac{M}{p_G} \tag{6-34}$$

将式（6-31）与式（6-34）进行比较，可以得到：

$$\frac{G^*}{G^{**}} = \frac{\beta + \gamma}{n\beta + \gamma} < 1 \tag{6-35}$$

式（6-35）意味着对于发生跨区域污染的 n 个区域来说，纳什均衡的污染治理量小于帕累托最优污染治理量。两者之间的差距随着局中人数的增加而增大。这种情况也反映着个体利益与集体利益的矛盾与冲突。对于参与跨区域污染治理的区域来说，各个区域如果从自身利益出发，则自愿治理污染的数量（也反映这一区域愿

意支付的用于跨区域环境污染的费用）要小于他们从集体利益出发污染治理的费用。也说明了在治理环境污染的博弈中，各个局中人个体最优并不能够实现集体最优。而从环境这一公共资源来说，集体最优对各个局中人来说是最好的结果（帕累托最优状态）。要实现这种帕累托最优状态，各个局中人必须在跨区域污染治理中真诚合作。

从以上模型还可以看出：如果治理越区污染单位支出的效用越高于其他项目单位支出的效用，那么局中人趋向于增加污染治理量，这时候纳什均衡就会向帕累托最优靠近，作为个体的局中人的社会福利水平增加得就越快，从而会促进跨区域环境污染的治理。所以对于跨区域污染的治理，往往是在污染非常严重，甚至威胁到人民群众的生命健康以及经济发展，或跨区域污染引起周边区域强烈不满时，这个区域才会采取积极的污染治理措施，而在环境污染不严重时，往往对跨区域环境污染问题采取放任的态度。

以上对于跨区域环境污染纳什均衡的分析是建立在各个区域的预算支出规模相等时的情况（假定每个区域的预算支出都是 M）。实际上，各个区域的经济发展水平、经济规模都有很大的差异，通常大区域的预算支出规模远远大于小区域。Olson（1982）曾经以社区中二人博弈为例证明，在收入差距很大的情况下，只有高收入居民愿意提供公共物品，低收入者只是"搭便车"，收入平均分配下的纳什均衡总供给小于收入分配不平等的纳什均衡供给。Olson 的这个结论同样可以推广到跨区域环境污染治理问题，在面对诸如全球温室气体排放的博弈中，各个区域的经济总量差距很大，温室气体的排放量与经济总量往往是正相关的。大区域治理跨区域环境污染的外部效应小，而小区域治理越界环境污染的外部效应大。因为大区域从较好的环境中能够获得更多的福利。

第七章 跨区域生态环境协同治理的机理分析

第一节 跨区域生态环境协同治理的理念架构

一、达成环境公共福祉的理念共识

协作性环境治理的根本目的是促进公共生态福祉的提升。公共生态福祉是整个社会体系与公民个体共同努力创造和维护的和谐、健康、繁盛的自然生态氛围，代表了全体成员共享的环境幸福，具有最普遍的意义。将公共福祉内设为协作环境治理的价值取向，就是要通过在政府为主导的社会组织和公民个体多元参与的自愿协同配合下，追求公共环境利益最大化为治理绩效。

环境协作治理始于对公共价值的把握。为实现公共环境事务的良好治理增进公共生态福祉，需要社会整体对价值问题形成最基本的认知，在进行必要的价值权衡和价值选择之后，形成价值的共识进而产生合力，以此作为环境行动的动力和前提条件。之所以首先确定环境治理的价值导向，是因为价值的选择会直接影响到政府、社会组织和公民这些治理主体对于环境整治过程中对合作的认识，也同样会影响他们的行为动机和配合策略。在这样的价值共识基础之上，协作的环境治理才能谋求对生态共有利益的最大兼容，避免将环境的管制沦为个别主体攫取环境利益的工具，力图以普适性和共享主义为起点，将公平正义设定为基本原则，以此促进公众共享的公共善为价值指向，并将其作为协调不同治理主体间利益关系的指导法则。而对于价值共识的认识，我们需要明确以下几个方面。

（一）人与自然的和谐共融是增进环境公共福祉的最基础理念共识

在人类伦理价值观的变迁中，传统的以人的利益或人类利益为出发点和终极目的的"人类中心主义"价值观正逐渐被人与生态环境的和谐统一为主体的价值观念所取代，新的价值观将人与人之间的伦理关系延伸到人与生态环境之间的关系中，拓展了生态伦理价值关怀的范围。在这种生态伦理观的视域下，从人类现实的实践格局对生态环境危机进行审视，是由于人类不合理的实践活动超出生态环境的自我恢复能力，把人类生产和生活中的污染物无限度地向自然环境倾泻，并且无限制地向自然掠夺资源又不注意自然资源的保护，使得自然环境和生态系统出现了结构和功能的紊乱，自然资源在人类的活动面前出现了枯竭，环境的有序状态被打破，最终影响到人类本身的可持续发展。但如果将生态环境危机从社会发展的逻辑解构，我们就会发现环境问题伴随着工业社会的生产生活方式而来，这种生产生活方式在创造丰富物质生活的资料的同时也引起了前所未有的生态破坏和环境污染。正是"由于工业现实观基于征服自然的原则，由于它的人口的增长，它的残忍无情的技术，和它为了发展而持续不断的需求，彻底地破坏了周围环境，超过了早先任何年代的浩劫"。可以说，人类通过这种工业社会的生产方式来获得改造自然和控制自然的实践能力是生态危机产生和发展的生产力基础，而工业社会区别于以往社会的组织结构和运行机制则是生态危机产生的结构性动因。我们无法阻止或没有理由阻止社会生产力的发展前行，但是我们可以做的是对社会运行结构的调整和变革，尤其在意识理念形态领域，通过对这种和谐共融的人与自然间共处理念的达成，各方主体将这种共融共生的价值理念嵌入社会行为规范准则中来，并在这种价值理念的感召下竭尽各自所能参与进这场变革中来，将理念共识凝结成规则共识直至行为共识。

（二）社会与生态环境的协同发展是增加环境公共福祉的重要理念共识

社会的发展需要科技的推进，也需要经济的拉动，对于环境而言可谓是一把双刃剑。首先，现代文明社会是以近现代的科技飞速增长为依托而与传统农业文明分野的，科技的革新与进步正是现代社会文明的主要标志。伴随着科技的推动，在社会文明与自然环境的相互关系中，人类正是依靠科技占据了无可撼动的主导地位。同时，这一过程中科技也带来了亦正亦邪的双重效应：一方面，借助科技理性工具，人们在探索改造自然的过程中创造了高度的物质文明；另一方面，科技在改造自然的过程中也逐渐异化为打破人与自然之间生态平衡点的消极因素。科技通过揭示自然本质与规律来帮助人类改造自然，表明科技在推动社会发展进步方面的重要作用无可置疑，但由于人类认知的有限以及自然规律属性的多样性导致在特定时间空间阶段下对客观自然的认识总会产生局限、片面性、非系统化甚至假象，这都会使科技揭示事物本真的效果大打折扣。因此，客观地承认科技所带来的"善"和科技所带来的"恶"同样重要。在这样的认识前提下，就要通过对客观事物更全面、更深刻的认识，用更积极的"善"压制科技中"恶"的一面，用科技发挥应有的生态效应，尊重认识自然合理的发展进化，促进生态可持续发展。其次，经济与环境之间的依存呈现出辩证的关系。一方面，经济的发展作为社会发展的基础动力需要环境为其提供物质保障，源于此，环境、资源必然会制约经济的发展。与此同时，环境也在不断承受经济迅速发展所带来的强大反作用力，尤其是在掠夺式的经济增长模式下。另一方面，经济和环境之间也会呈现出共同促进的良性发展轨迹，经济发展如果能够合理对资源环境加以利用，自然的回馈从不会吝啬，而且在合理有效的规划下，经济的发展也会有效反哺环境，为其提供技术、物质支持和保障。可见，无论是科技还是经济领域，都会存在冲突的、对立的价值准则，只有遵循社会发展内蕴的价值理念准则才能够将这些内在的冲突与对立进行有效的化解。所以说，在社会发展的概念下，科技、经济、环境之间的和谐发展关系成为我们环境治理协作理念中需要构架的一个重要共识。生态效应、科技效应、经济效应三者有效协同，构建可持续性发展的价值理念，将科技进步与经济发展内化为社会进步与生态环境协调发展的协同推动力才是走出"环境困境"的正确选择。

（三）协作理念在环境治理中的深入是增进环境公共福祉的更高一级理念共识

环境治理需要对结构机制和行为模式的进一步重新整合才能有效，过去人们对"全能政府"和"市场万能"的迷恋使现代社会的许多制度和政策误入歧途，这实际上也成了环境问题产生并进一步恶化的推手。重新对于治理理念与原则的定位确有必要，协作、整合、集体性成为治理活动的新方向，将社会公众、各类组织甚至治理对象吸纳到环境治理中来，并使其成为推动治理制度创新和行为转变的积极因素。在新的理念指引下，公众参与意识提高，对于自身生产、消费、享有的权利更加审慎，各更注重对应有权益的表达，进而会更积极地争取和介入各种参与协商对话，以期形成更具广泛意义的环境道德共识。这种生态道德共识的达成将在更深入和内化的理念层面约束影响社会各类主体的环境行为方式，在行动过程中，也会更加倾向于通过多元社会主体通力协作、信息共享、互通有无来实现整个社会环境治理整体行为的绿色化。

二、构建内化法治精神的合作理性

从古代开始，东西方的先哲们就将理性视为人类区别于野兽的一种特质。"理性"一词的内涵也随着时代发展的不同阶段而各具其意。从理性到合理性的变迁（代表人物如马克斯·韦伯、哈贝马斯），从价值理性到工具理性的变迁（现代实证主义者如罗素），从独断理性到批判理性的变迁（如卡尔·波普），从先验理性到实践理性的变迁（如查尔斯·泰勒、麦金太尔），以及从自然理性到社会理性（如霍布斯、洛克和霍布豪斯等）的变迁，现代西方理性观不断被推进并发展。理性可视为是人类对自然、社会和人本身的各种现象做出逻辑推理和是非判断的能力，这一能力是人类所独有的。公共理性作为公共生活的根本原则和普世理念，哈贝马斯曾经对其进行这样的描述："公共理性是一个民主国家的基本特征。它是公民的理性，是那些共享平等公民身份的人的理性。他们的理性目标是公共善，此乃政治正义观念对社会之基本制度结构的要求所在，也是这些制度所服务的目标和目的所在。"公共理性作为一种公共生活智慧，之所以是"公共的"主要体现在三个方面："作为公民的理性，它是公众的理性；它的目标是共同的善和基本正义问题；它的性质和内容是公共的，因为它是社会的政治正义概念所赋予的理想和原则，并且对于那种以此为基础的观点持开放态度"。公共理性作为一种价值尺度和规范指征，具有深层次的公共的、民本的意味，蕴含"公理性"在其中。

如果说罗尔斯的公共理性是站在公共善和政治正义的高度对公民的话语权和行为进行引导，马克思·韦伯的工具理性则是对原有农业社会公共组织的行为逻辑进行了全新的颠覆，因为"官僚体制是'理性'性质的：规则、目的、手段和求实的非人格控制着它的行为。因此，它的产生和传播都是特别的，还在讨论的意义上发挥了'革命'的作用，正如理性主义的进军在一切领域里都发挥这种作用一样。同时，它摧毁了统治的不具有这个特殊意义上的理性的质的结构形式"。在工业社会的发展进程中，工具理性成为这一阶段公共领域中主流的理性观念，其本身所具有的组织理性和职业理性对工业社会的运行机制、行为逻辑、组织人格、社会理念都产生了极其深刻的影响。但其崇尚工具化、技术化的官僚运行模式对社会正义及人的生存价值的压抑也受到广泛的质疑，林德布洛姆就曾经对工具理性进行了批判，"那种只关心如何通过深思熟虑的组织手段去完成目标的偏见，使得人际关系仅仅被看作是完成既定目标的工具性手段，而不是实现主要目标的直接原动力。欢乐、爱、友谊、遗憾和情感等要素被压制，除非他们恰好有利于组织既定目标的实现"。

在后工业化进程中，时代特点较从前发生了诸多方面的变化，社会主体呈现多元化发展趋势，公共领域逐渐分化，社会治理对公共理性的要求也发生了改变。共同协作、合作治理成为公共领域行为的方向选择，共同发展、合作前行成为一种新的价值理念，对于公共理性的思考维度也需要随之发生转变，与此同时催生了公共领域实践中一种区别于工业化社会竞争理念的新思路，而这种思路必然是以合作为基础和特质。

尽管在多元主体的背景下由于文化、立场、道德、理念等方面影响形成了诸多不同类别的价值观念，而且这些价值之间可能客观上存在巨大差异，这些差异曾经被工业社会工具理性倡导的同一性所掩盖，而且一些学者表示了对这些差异性的担忧，例如博曼曾经提出"如果社会是多样的、分裂的，那就不存在一个'公共领域'，实际上就没有单一的公众存在，存在的只是一种多元的公众：分属不同团体、文化和行业的公众。这些公众之间的冲突就产生了团体间的困境"。但实际上它们一直存在并有可能成为我们在新的合作思路下重新开始行动的重要逻辑起点。多样性的理性价值并不意味着否认合作，尊重差异性是我们进行合作的不可规避的行为起点。回溯历史，人类社会的前行必须通过合作进行秩序的履行与建构，在新的社会背景下，合作更需要走向时代的前台，人们亟须重新考量集体行动的规则，需要通过信任和责任构建新的行为逻辑方式，不回避差异，求同存异，在差异的基础上打造一种新的以合作为理性基础的思维模式。可以说，"在后工业社会网络化的社会结构中，公共产品要由多元的社会治理主体共同承担公共责任，这是一种新的公共责任格局。如果在合作治理的集体行动中积累了合作信任，并形成了完全不同于工业社会官僚制组织的合作制组织，同时，公共管理者形成了独立行政人格和合作型行政心态，合作理性将逐渐形成，并成为合作治理中多元合作主体集体行动的基本思维模式。这是公共领域多元合作主体培养、形成和运用合作理性的重要路径。"

环境治理的协作是公共性的集体行动，客观上也就必然需要建立稳定持久的规则体系和理性规范。建立这种理性规则的前提则是需要面对社会各主体利益目标的多元化以及目标实现方式的区别化，这种多元、区别性的特征主要是由于社会个体天然素质条件以及资源禀赋的客观差异性所决定的，而这种客观差异性也会在一定程度上进一步加深社会利益诉求方向和社会主体发展趋势的离散状态。在这种状态下，如果要构建一种多主体共同介入、共同参与的环境协作治理状态，扩大公共利益的广泛包容性才能为其提供法治的社会基础。法治是一个现代社会最主要的上层建筑构成，是一种相对稳定的社会公共契约，法治精神的存在支撑起整个社会运行的稳定性与有序性，为社会内在利益的流动提供了有效的保障。而协作性环境治理的有效运行也必须依赖法治规则的建立与完善，因为其合作理性不是随意的、突发的，尽管其具有灵活、动态的特征，但仍需要基本的法治精神保证。而法治所呈现价值就在于其作为一种制度伦理能够在最广泛的程度和意义上保障所有环境治理主体的基本权利，使其认同环境协作治理体系的核心权威，有序规范地进行社会资源的有效匹配调整，从而凝聚力量，让诸多环境治理主体的个性化能力协作整合成为社会有机合力共同维护生态环境与人类社会的和谐共生。

"理性"是马克斯·韦伯对西方法律制度以及整个西方社会进行分析的最核心概念工具，他曾经说过："我们近代西方法律理性化是两种相辅相成的力量的产物。一方面，资本主义热衷于严格的形式的、因而——在功能上——尽量像机器一样可计量的法，并且特别关心法律程序；另一方面，绝对主义国家权力的官僚理性主义热衷于法典化的系统性和受过理性训练的、致力于地区平等进取机会的官僚来运用的法的同样性。两种力量中只要缺一，就出现不了近代法律体系。"可以说，他用"理性化"概括了西方近代文明的形成过程和基本特质，在现代社会价值规范的设计中，国家与社会被割裂，法或"理性"同国家被强制力捆绑在一起，体现出了绝对国家中心主义的特征。这种国家中心主义观念主导下的法治产生了一系列弊端："首先，在立法方面，强调法出于国家，有意无意把社会自我治理和自我调适边缘化。其次，在执法过程中导致两个问题，一是形式主义严重，二是过度依赖强制力，执法简单粗暴，极易激化社会矛盾。再次，在司法方面，容易导致'机械主义'和'司法中心主义'两种倾向，要么把司法过程简单化、庸俗化，要么过分拔高司法的功能。"根本上正是源于在法治的构建领域以国家作为绝对的主导者，由国家垄断法治资源。而协作性环境治理模式的运作中，既会涉及公共组织部门，也包含非政府组织、企业以及公民个体，传统的民间力量、个体力量加入环境治理中，原有的治理对象也改变了过去单一被治理身份而转向治理主体结构中，公民社会同政府一样成为合法权力的来源。

构建多元共治的法治框架为合作理性，就是"对于合法性的考察不再只着眼于形式主义的要求，而是包含更多实质合法内容，包括参与立法的意志是否具有代表性、广泛性，立法过程中各方意志是否得到了充分表达，利益表达机制与博弈机制是否公平完善，法律的通过程序应如何兼顾考虑各方意志等"。这种改革的方向就是从现有的封闭的、垄断的国家自上而下的立法创制机制向多元主体共同参与、上下互动的协同立法机制转化；法的形成途径也更加丰富，从现有的少数服从多数的法定通过程序转向为更为灵活、更机动的多样途径，严格的法定程序、立法程序为主导，辅之以通过谈判、协商，并最终以一致通过为确立结果的新型协商立法机制；在法的具体实施上，由于法治精神内化普及，也从现有的单纯社会强制逐渐转向社会强制与自愿服从并存的多样化实施机制，将义务性要求与期望协调发展，注重法律实施中的协作。

第二节　跨区域生态环境协同治理的主体结构

从某种程度而言，人类生活的世界实质上就是各种或简单或复杂的系统构成的有机体。从系统科学的视角分析，元素构成了系统，元素之间的相互关联、相互作用进而构成系统体系。如果我们将这些元素换成点，并连接各点之间的空间距离作为元素间各类关系的表述，呈现在我们面前的系统就成了一个网络。网络是系统存在的抽象形态，更是我们理解整个社会、理解协作性公共管理的重要载体和切入点。

一、跨区域生态环境协同治理的主体构成

在主体关系上，协作性公共管理视角下的环境治理是包含"政府体系内部各种部门层级间""政府与非政府组织""政府与公民""非政府组织与公民"同级政府不同部门间、不同层级政府间、同层级不同政府间、政府与非营利组织、营利组织及公众之间的多维协作关系的立体化治理结构。整体"协作的机制设置不是基于一个中心权威之上，因此不能由一个单一的组织目标来指导"。这种设置中管理者的首要活动是选择适当的参与者和资源，创造网络的运行环境，想方设法应付战略和运行的复杂性。政府、非政府组织以及公民作为社会主体实际上均处于整个社会的系统化网络之中，换言之，复杂的网络关系实际上反映了各个社会主体之间的关系结构。这种网络关系也恰好为我们提供了一种方式方法来了解并研究社会主体之间相互作用关系。可以说，这种由政府、非政府组织、公民构成的复

杂社会网络既是推动形成协作性环境治理产生的必要结构，也是协作性环境治理作用的对象。

分工、专业化、各种边界的存在是环境治理中开展协作的前提，它们产生差异，也成就了协作。协作视角下的环境治理中，政府、非政府组织和公众彼此关联，各自在不同的社会领域中履行相应的职能，承担不同的社会角色。相比之下，传统的以政府为单一主体以强制力为保障的线性治理思维和管理方法阻隔了同社会其他主体间的联合与博弈。网络中的各个主体缺乏必要的互动，那么对于环境事务的解决与处理必将是一潭死水。环境治理中开展广泛的协作及其所作用的各类事务，必然是具有公共性、社会性的与所有社会主体利益相连的共同事务，也因为其能够充分动员网络中的主体、激活网络关联，建立有效的、积极的沟通协作机制，必将极大提升社会环境问题的解决效果与效率。

在协作性环境治理的主体关系中，多元主体间通过资源依赖和建立互动伙伴关系，利用知识与能力的密切配合，对优势和资源进行有效整合，建立沟通渠道，增进理解和信任，树立共同目标，以协商、谈判、联盟等方式推进共同行动，最终建立一种共担风险的环境事务治理联合体。

（一）跨区域生态环境协同治理主体自我认识的重塑

在管理学中，对个体行为以及组织行为的复杂性研究都是以对人性判断为出发点和基础。对人性进行何种基本假设，实质上会对公共管理中的理念、制度、结构、机制等问题产生根本性的影响。人性问题探讨的是人的一般属性也就是人的共性问题，人性作为人的本质特性，决定着其存在的状态与发展的方向。由于人本身是管理中最重要和最关键的元素，也就决定了人本身具有特殊性。尤其是今天所处的高度文明的社会环境，人本身的素质得到了空前提高，人们比以往任何时期都更为关注人的自我价值和存在意义，人的自身成长在推动社会发展进步中所占的比重与日俱增。基于此，对"人"这一基本要素的认知在现代管理中愈来愈受到重视。从经济学、管理学、伦理学、社会学等学科都对人性问题予以探讨和关注，从经济人、社会人、自我实现人到复杂人，乃至公共人、理性人、决策人、文化人等人性说都是反映了一定历史阶段下人的行为、关系的某种抽象，也体现了一定时代背景下对人性预设的价值取向。相比经济人、公共人等对人性假设理解或绝对自利或绝对他利的极端认知，人的本性实质上会受到自然性、社会性和文化性等属性的影响与制约，这就决定了人的行为动机必定是复杂的、动态的与多元的。人既可能利己亦可能利他，既要实现个人利益，也会追求公共利益。不仅个体行为动机间会存在差异，而且受不同情境和条件的影响和制约，同一个体的行为动机也会产生差别。当从人的自然性角度出发，自利性或许会分外明显，而从社会、文化的视角考查，则会更容易突出人的利他和公益特质。所以人性是介于绝对自利与绝对他利两个极点间的交叉与结合，是一定条件下的"利己"和"利他"间相统一的"线段式人性"。

正如埃德加·沙因在他的《组织心理学》中对复杂人所提出的基本观点：人性不是固定不变的，面临的各种复杂情境和时间的推移会对人性产生影响；人的动机和需求具有多样性，并且人的价值观、目标这些因素也会受到新的组织环境的影响进而导致人的动机和需求的更新和改变，所表现出来的新的动机模式往往是旧有的动机模式和新的组织影响共同交互作用的结果；伴随着个体工作生存条件的改变，人会更新原有需要进而形成新的动机，即便在不同组织、同一组织的不同部门，或在不同情境下，人都会有不同的动机和需求；人会因为个体能力、需求的差异形成对不同管理方式的不同反应；一个个体是否满足所处现状，愿意为组织出力，取决于他自身的动机结构及个体与组织间的交互关系。基于复杂人的人性假设，单个个体在不同情境和领域内的人性既有"同"也有"异"，个人在不同行为领域中会因为身份角色和组织目标的变化而导致利益的选择与权衡发生变化，进而影响组织的行为特征。所以在公共问题尤其是环境问题治理中，各方涉及的主体往往会由于自身所处角色与组织不同而表现出不同行为动机。

从现有的环境治理结构进行分析，单中心的环境治理主要以"经济人"和"公共人"两种极端为人性假设前提，一方面，国家权力凌驾于社会之上，"命令——控制"手段被广泛应用，企业作为经济人成为绝对被管制的对象，法治法规建构的前提就是企业成员以及企业整体都以谋取利益最大化作为根本存在意义，排斥或限制非政府组织和公民的治理参与，企业、非政府组织、公民作为被管理者和义务主体存在，而政府依靠自身拥有的强大资源调配能力和行为控制水平拥有对社会发展完全控制的绝对自信。另一方面，视政府本身及组织成员为"公共人"假设，政府及其成员都必然拥有崇高且合乎道德的情操，组织及个人都能够坚守公共利益的非人格取向和公共事务的公共性精神，实现政府行为和公共行政中应有的公平与效率。在这种泾渭分明的人性假设视野下，将政府以外力量均视作"经济人"本性，市场自有缺陷和社会的发育不足必然不能担当公共问题治理责任，相反政府作为拥有高尚道德情操及优良品质的"公共人"理解下，自然独揽了所有公共治理事务，形成了政府作为唯一治理主体的单向度治理结构。

而实际在环境问题上，任何一个社会构成成员都可以享受优良环境带来的益处，同样也会被环境污染问题所累及。企业在追求利润最大化的同时一样拥有对环境问题的责任担当，各类非政府组织和公民也用实际行动证明自身对环境的关注。"经济人"作为一种可能的人性理解并不能涵盖所有个体、组织身处社会中各种情景、范围内的动机与需求，所以，只有"复杂人"的假设能够合理解释这一切。另一方面，在以公共利益为基础的公共事务中，公共管理者在行使公权力、履行相关职责时，其必须考虑自身所承担的多种角色及相应的社会组织规范，力图在自我利益的获取和共同利益的实现之间寻找到平衡点。"政治家追求公共利益，并不是因为他们都是利他主义者，或者道德高尚者，而是因为他们被期望如此，这是他们的义务"。

基于上面的分析，我们应该对"复杂人"的人性假设理解有如下认识。首先，客观承认复杂人性中追求利益的一面。这里所谈及的"利益"不同于"经济人"假设中所指的单纯的"自利性"，利益也具有正当性，因为利益是人们为了生存、发展所能获取的资源与条件，对利益的追求是人们行为动机的根本所在。这种利益可能包含精神与物质双方面，进而我们理解的利益应该是自利与他利的共存，个体利益与共同利益的结合，而非单个个体不顾及他人、用尽一切手段据为己有的利己性。其次，复杂人性导致的行为决策是基于多元利益比较权衡的结果，目的是获取相对利益的最大化。这就意味着个体行为人在相关条件下，通过对具有相应冲突性的多重利益进行反复比较和权衡，最终寻求一个更能满足自身需求的利益平衡点，并做出相应的行为决策。这种比较贯穿行为决策的全过程，一方面是从动机角度，以满意度和利益获取迫切性为标准进行比较权衡，另一方面是出于对实际结果的考虑，是一种对利益的限定。这种结果未必是非此即彼的选择，而很可能是一种综合的、多方改善的利益结果，这也就意味着在这种认识下，个体乃至组织的选择可以在社会分享性的公共利益、具有组织分享性的共同利益以及私人独享性的个人利益之间实现兼容和整合。再次，"复杂人"假设强调一种动态的相对性，动态也就意味着在具有区别和差异化的情境和制度安排下，个体行为动机会表现出不一致，并随着情境和制度环境的变化发生变化，甚至在相同情境下，不同的个体也会表现出差异化行为动机特征。相对性则强调个体既非纯粹"经济人"，也非纯粹"公共人"，而是处于二者之间，有时会倾向于"经济人"的逐利性特征，而有时也会显现出"公共人"的公益性特征，而更倾向于哪一方会随着条件情境的变化而改变。

立足于这样的认识，协作性环境治理还需要对复杂人性观做进一步设想。首先，当今社会是一个充满不确定性和复杂性的复杂社会，尤其是面对环境问题，行为者无法掌握有关环境的所有真实信息和相关细节，加之人自身的认识与技术的局限，所有这些有限性都影响了行为者处理信息和理性决策的能力；其次，动机对行为者会产生重要影响，动机往往不是单一的，而是复合构成的，利己与利他交错，个体利益、共同利益与公共利益共存；再次，行为者能够通过学习与经验的积累，对过去的行为和动机模式进行改进，以此提升适应不确定性和复杂性的能力；最后，行为者之间能够通过互动交流机制的建构，跨越有限理性的障碍，整合有效资源，兼顾多方利益，在互利互惠基础上实现协作发展。

这种对复杂人性观所做的进一步设想，实际上是立足于已有"复杂人"假设中个体行为动机和需要的复杂性与动态性，客观承认行为个体对利益的追求，考虑各种环境与情境可能会对其产生的影响。同时，这种设想还意识到了人们自我改造、不断提升能力的潜质，以及采取协作行为实现共赢的可能性。这种对人性的理解更实际地映射了现实中的各种情况，也就能够更好地帮助我们在此基础上进行相应的理论规划和制度设计。

（二）跨区域生态环境协同治理主体的利益分析

以协作性公共管理为指导的环境治理格局必然需要多元主体的参与，立足于"复杂人"的人性分析构成了环境治理协作化行为动机形成的基础，而研究这类多元主体的具体构成以及利益关系则为我们协作性环境治理结构的构建进一步提供理论支撑。

1.政府参与环境治理的利益分析

按照社会契约论的观点，国家的产生是基于维护公共利益的功能性需要，这种功能的实现需要一定的机构具体施行，政府便由此产生。例如在洛克的理解中，国家产生之前的自然状态下，由于人性中恶的存在，使得自然法无法完全调节人与人之间的彼此攻击与伤害。基于这种情形，为了避免这种冲突与伤害扩展导致人类自身的灭亡，人们需要签订相互信任与合作的协议，国家才由此产生。而在马克思主义的视域下，国家是阶级矛盾不可调和的产物，是人类社会发展到特定历史阶段的必然。通过这些思想我们可以总结和了解，国家的产生是基于这样一种情形，源于需求和利益的冲突与矛盾是社会发展过程中无法避免的现象和结果，为了避免这些冲突与矛盾所造成的社会失控，需要有一种超越社会层面的力量将这些问题控制在允许的范围内，形成一种社会秩序，以此实现社会的安全性，而这种力量的形成就是国家产生的过程。因此，当生态环境日益遭受破坏且社会公众环境利益不断受到侵犯的情况下，政府作为国家力量的代表应首当其冲地承担起治理环境问题、维护生态平衡的责任，这也是其社会管理职能中的重要内容。

生态环境作为典型的公共物品，政府有责任和义务实现对其合理有效的治理和维护。环境问题的形成实际上主要源于企业生产私利性与生态环境公共性之间的矛盾，单纯依靠企业的自律和技术手段的提升无法避免"公用地悲剧"的结局，政府作为传统的治理主体，有能力和权限对市场主体产生规制与影响，促动其社会成本与环境成本实现一定程度的内部化和最小化。这也就意味着"政府作为社会公共权力的拥有者和公共利益的代表，在调配和运用社会资源方面拥有其他主体所无法比拟的优势，其行为对环境资源的影响要远远大于其他社会主体的行为的影响"。

当然，政府本身并不完美，一样有缺陷与不足，这也就是我们常说的"政府失灵"。这也就意味着政府不能遵照社会的理性预期有效地发挥自身的作用，并进一步导致现实与社会发展目标和预想发生背离。政府对环境治理的失灵表现为：在环境领域内相应的法规、政策、措施、规划、任务未能达到预想的治理效果，甚至造成不良后果或促发新问题。这也就意味着政府未能或不能有效履行环境治理责任，而造成这种状态和结果的原因是多方面的，包括但不限于历史的、政治的、经济的、文化的、体制的、技术的、立法方面的和法律实施方面的原因。但就利益角度进行分析，政府环境治理结构中的多重利益矛盾关系在很大程度上影响了环境治理效果的有效实现。这其中包括整体利益与局部利益间的矛盾，例如中央与地方政府间的利益冲突，尽管从长远效果来看，中央与地方政府间对于环境治理的受益是相同的，根本目的也具有一致性，中央政府一直秉持着统筹全局、可持续发展的社会发展目标，对资源与环境的关注更是立足于全社会、整个国家的高度，也就决定了其坚持治理污染保护环境的坚定性。但就局部而言，地方政府在区域社会经济发展导向的影响下，往往会更倾向于选择能够促进本地区经济增长与财政收入提高的政策行为。而且，地区间会存在经济实力、技术水平、治理能力的差距和发展的不平衡，环境的外溢性特征会造成一些经济实力较弱、治理能力较差的地区因自身能力受限或不愿付出而存在"搭便车"心理，这也就会直接或间接地影响经济发达或环境治理水平较高地区的行动积极性。另外，个体利益与公共利益间的矛盾同样影响着现有政府环境治理不力问题的存在，这主要表现在官员个体追求自身利益，在现有的升迁激励体制下为实现较高政绩评价和短期经济增长而不惜以环境为代价，造成主动或故意性的政府公共职能缺位，弱化公共服务功能，过度强调经济行为。还有一些不能忽视的现象就是在政府同企业的相互关系中，企业为了利用政府资源的便利来谋求发展，会利用政府成员个体私利性的特征开展寻租行为，当然在这一过程中也不乏地方政府会产生主动的设租行为，这实际上都体现了个体利益与公共利益间的矛盾。

2. 企业参与环境治理的利益分析

在我们通常的理解当中，企业作为社会经济生活的基本单位，是社会再生产领域中以盈利为目标的社会组织，在市场运作过程中的生产、流通、交换等环节发挥着重要作用，是国家社会经济发展的微观基础。作为市场经济中最典型的经济组织，企业活动的开展主要是通过生产和经营行为完成的。企业的正常生产经营运转必须依靠各种生产要素的投入，而生产要素的构成中除了传统中涉及环境的土地要素外，更宏观意义上，环境资源要素必然要成为其重要构成。作为生产要素的环境资源主要包括用来投入生产经营活动中的全部自然资源，这些资源是企业进行生产经营活动的前提，也是企业获得经济利益的基础。

尽管经济生活中的企业具体类型表现各异，但从本质而言它们始终是重要的商品生产者、提供者与组织者，企业存续的基础和效益的获取决定了生产要素的投入必须作为先决条件存在，在这一前提下才会涉及生产经营者对要素的进一步整合以提升要素的产出效率，因此，生产要素作为先导性因素是企业生产能力和供给能力的基础性保障。除了作为前期投入的基础性保障，生产组织同样需要环境作为生产过程中产生废弃物的吸纳场所，这是企业对环境所产生的另一种需求。可见，在企业的整个生产行为过程中，对环境资源的需求与利用是伴随始终的，企业始终会对环境产生各种不同的利益需求，而企业对于环境利益的获取多寡也会直接影响到企业经营利益的大小。

反观环境要素，自然资源是价值创造的源泉，环境要素的大量消耗是人类再生产过程中的必备条件。同劳动、资本、组织等其他生产要素相区别的是，自然资源作为生产要素并没有参与到价值的有效分配中，即便在一些环节对自然资源会有相应补偿措施，但都不足以抵消生产过程中所消耗的资源价值。因此，劳动、资本、组织等生产要素所获取的价值分配份额远远超出了它们在价值创造过程中的贡献比例，这些生产要素将本应由自然资源获得的价值补偿进行了实际瓜分，也就直接导致了自然资源的损耗无法获得相应补偿的结果。生产要素的终端利益分配实际上是指生产要素主体获得最后收益，在这一分配过程中，各生产要素主体获得相应报酬，资本所有者获得利息，劳动者获得报酬，组织者获得利润，土地所有者获得地租。环境资源本身的客观自然性、公共性、非排他性特点决定了其很难进行主体的确认，这些特征也往往极易导致公用地悲剧。当然，政府可以在形式上或法律确权上作为环境资源的主体，但由于通过环境资源消耗换取的价值难以明确量化，并且复杂利益关系的存在影响，致使企业虽然在一定程度上进行了补偿，但却无法真正弥补资源消耗本身及其带来的外溢性影响。

企业作为社会经济中的重要存在主体，其生存与发展必须依靠环境要素的支撑和供给，同时需要环境容量的一定自净能力对其产生的废弃物进行吸纳降解，所以无论是企业投入对资源的消耗还是产生废弃伴生物需要环境的吸纳，实际上都在对环境产生各种各样的影响，同时，这种对环境的影响也会对其他利益主体产生相应影响。因为基于前文的分析，企业生产的过程也就是对环境消耗的过程，而往往企业对环境消耗的成本总是会远远低于企业行为对环境本身带来的影响，这其中产生的差额价值往往被企业全部或部分占用，这种对环境本身产生的成本影响也会直接或间接转嫁给社会，例如空气污染往往会波及受影响地区的所有成员。在这个过程中，企业作为利益既得者存在，而受影响的所有社会成员都将成为利益受损者，而且从长远看，这种损害必定影响的是整个人类的利益。

尽管企业具有趋利的特征，但是这也并不表明企业同环境保护是完全对立与矛盾的。这种相容性实质上体现在企业对社会所需承担的责任问题上，管理学大师德鲁克就曾经提出，企业对社会必须拥有相应的责任，这种责任同"取得经济成就"和"使工作富有活力"成为管理中并重的三项任务。斯蒂芬·P·罗宾斯也曾主张企业的法律和经济责任是企业责任的基础，完整的企业责任还需包含道德责任在内。在1984年弗里曼出版的《战略管理：利益相关者分析方法》一书中，他也进一步提出了一个健康企业必然要同外部环境中的其他利益主体建立有益关系。由此可见，企业自身的利润目标同社会共赢的共益目标实际上并不存在根本性的冲突与矛盾，企业的社会责任问题正是衔接两大目标间的重要桥梁。另外，从现实而言，伴随社会文明的进步发展，企业在社会中承担了越来越多的身份与角色，它不再仅仅作为单纯的营利性组织存在，萦绕着社会责任、义务与权利，企业在社会诸多方面承担着越来越重要的责任。越来越多企业公益营销策略的开展，充分说明了企业作为社会重要权利主体对于对人类、社会以及环境的尊重。而且有越来越多的数据表明，企业的社会公益成绩会同企业的利润回报率有着相当大的正相关性。环境污染的治理和生态的有效保护实际上是社会责任体现出的重要方面和内容，它的有效实现关系到所有社会利益主体，其中也包括企业自身。企业对环境治理责任的承担与生态维护的有效参与实际正是其彰显社会责任的应有之义。

3. 非政府组织参与环境治理的利益分析

20 世纪 70 年代末,美国经济学家伯顿·威斯布罗德 (Burton Weisbrod) 曾经用一个经济学传统的分析框架"需求—供给"来解释非政府组织存在的合理性。他认为市场和政府对公共物品的提供方面存在的缺陷客观上促进了非政府组织的兴起与发展,即非政府组织可以视作是"政府失效"和"市场失灵"的替代衍生物。非政府组织也是伴随着社会民主的发展与推进出现的,并在一定程度上基于效率的考虑,国家会逐步让渡出某些治理空间,通过不断的博弈,将一些可让渡的支配空间转给非政府组织进行支配,非政府组织也就相应承担起提供某类社会服务的公共职责。在这一过程中,无论是国家的主动退让还是出于个中原因的被动选择,实际上都是国家与非政府组织间经过长期博弈的结果,是出于国家适应新的发展形势的需要以及非政府组织自身不断发展的结果。在中国的语境下,由于政府进行资源动员的失灵以及社会治理能力上的局限性,也需要非政府组织在相应领域承担其一部分公共职能。与西方不同的是,我国的社会发展模式属于政府主导、后发外生型,社会对政府在一定程度上仍存在着很高的依赖性,这也就意味着我国非政府组织的生存和发展往往还需要政府的帮助与支持,单纯依靠社会层面的自发生成可能性很小。这些特定的情境也就限制了我国的非政府组织无法完全同政府组织割裂,实现纯粹的独立很难,需要同政府进行极其复杂的互动。

环保类非政府组织是由公民个人或其他团体、机构,为解决环境问题、实现环境公益,具有一定治理结构、独立自主运转的、不以营利为目的自愿结成的社会自治组织。社会自治是非政府组织形成、存在的根本机理,社会自治具有天然的正当性。追溯国家的起源,社会先于国家而存在,只不过这一时期的社会处于一种缺失的自治状态。国家的产生避免了这类缺失,将社会生活和个人行动规范在一定规则之内,而不是取代或取消社会已有的自我管理状态。"国家是社会为了维系自身的秩序和发展所建构出来的,其基础是来自社会成员共同托付所形成的共同权力,以及共同权力用以创立社会秩序、整合社会结构的制度体系。"社会自治创造了更多合作互益的空间,也创造了更多的社会价值,同时,人们也乐于同志同道合的人群进行交往,建立共同志向,满足精神需求。无论是东方还是西方,社会自治都有着悠久传统。在西方,社会自治成为政治民主制度有效运转的基石;在中国历史中,长期的社会自治传统也成为历经朝代更迭但基本的政治价值与社会伦理价值一直存续的重要原因。

社会自治的有效形成需要独立的公民个体与存在空间,独立并不意味孤立,个体间通过有效连接并为共同的目标而采取联合行动。个体既关注自身利益的保证也愿意为公共利益承担责任，社会自治为个体的利己主义和利他主体结合提供了有效的现实空间，非政府组织也就成为融合这两方面价值取向的一种实际载体。在此基础上，非政府组织也显现出自愿性和公共性的特征。首先组织成员的自愿加入表明了组织能够提供一种实现个人利益和精神需求的有效空间，组织利益与个人利益实现了现实的一致；其次，非政府所倡导追求的公益性目标也彰显了其公共精神所在，以个人奉献、人道精神和社会责任为核心价值追求。正是由于非政府组织这种公共性的本质，兼顾个人利益与公共利益的调和，也就相应具有了一定的整合社会力量的能力。

环境治理从来都是一个与社会所有人利益都息息相关的公共性议题，这一议题也历来成为非政府组织关注的焦点和重要内容。环保非政府组织为立志于环境保护事业为己任的公民个体提供了一种整体行动的平台和载体，同时，环保非政府组织实际上也为社会成员提供了这样一种机会，帮助他们形成理性、宽容表达自我意见的态度，通过共同的行动体现作为公民个体参与环境治理的能力，以一种民间的方式来实现社会自我管理、自我救济和自我发展。

4. 公民参与环境治理的利益分析

马克思曾把自然界比作"人的无机身体"，人必须依靠自然界才能生存发展，人的生存本能体现了对环境的需要，这种需求是一定质量基础之上的环境需求，环境的改变必然会影响人类的生存与发展状况，而作为社会中的人类公民也就成为生态环境良莠与否的最直接感知者和最终承受者。公民从来都不是环境的旁观者，其有享受环境的权益和保护环境的责任与义务。

公民环境权益表明了公民拥有享有优质良好环境的权利。环境权益应该是一项公民可以自然地享有，具有不证自明的正当性的自然权利和基本人权。伴随着工业社会带来了严重的污染问题之后，对环境开发利用的权利和享有美好生存环境的权益产生了冲突，才激发了现代意义上对公民环境权益的进一步关注。尽管面临着这样的冲突与对峙，我们也没有任何理由质疑公民环境权益的正当性，因为问题的关键不在于抹杀任何一种权利或权益的存在合理性，而在于如何对两者进行平衡以及如何对冲突进行有效协调。

公民环境权益来源于环境权利的有效保证和实现，从目前来看，环境权利包括环境使用权、知情权、参与权和请求权等具体内容，这些具体的权利内容需要国家法律的确认，明确其正当性的边界，进而公民可以依照权利范围实施相关的行为或防止受到侵害。这些权利内容实际上构成了公民作为主体参与环境保护的合法性基础，而且客观上可以在一定程度上实现对政府公权力的制约。从政治文明的发展来看，权力的制约问题可分为三个阶段，即以权力制约权利阶段、以权力制约权力阶段和以权利制约权力阶段。用权利来制约权力，指的是公民利用自身拥有的法律权利来制约政府的权力，以此防治政府权力被滥用，最终维护自身合法权益和社会整体利益。而环境治理一直是冲突不断且问题集中的领域，在现实中，政府有可能在经济与环境的博弈中选择前者，也可能为个别集团的利益而牺牲环境，加之政府本身具有低效、反应迟滞等顽疾，公民能够参与到环境保护过程中通过自身的权利来制约权力就显得尤为重要。

公民对环境治理的参与，还涉及利益动机的分析。正常而言，公民往往会成为环境问题影响的最直接波及者，那么其参与环境治理就必然应该有强烈的动机，但就现实的反馈来看，公民参与环境治理往往会受到多重因素影响而导致参与积极性和有效性大打折扣。首先就是环境认知对公民个体行为的影响。是否明确自身应享有的环境权益直接会影响到公民个体对环境保护问题的态度，很多时候有些人会视环境保护是一种与己无关的活动，或是当环境危害明显影响到自身生存安全的时候，才会同环境侵犯行为进行对抗，更有甚者会同相关涉及环境的利益集团进行物质性交换而息事宁人，这实际上在主观上反映了公民个体对自身应有环境权益的漠视。正如一些学者所谈及，如果公民个体能够更多地意识到自己的行为对于他人的环境责任，而且能够基于一种实现环境正义的天然需要而不是显示其关爱与同情之类的道德情感来履行这种公民权责任，那么社会的生态可持续性水平将会得到空前程度的提高。其次，环境权利受政府公权力的挤压、弱化，从而影响公民个体参与环境治理的实际有效性。从我国目前的状况来看，公民权利的运用渠道不通畅、可行性差，而且存在相关利益集团干扰等问题都成为影响公民权利有效行使的障碍。再次，集体行动的困境。按照奥尔森的观点，"除非一个集团中人数很少，或者除非存在强制或其他某些特殊手段以使个人按照他们的共同利益行事，有理性的、寻求自我利益的个人不会采取行动以实现他们共同的或集团的利益"。这也就意味着在人数众多的利益相关群体中，除非通过强制性或特殊性手段，单个个体成员很难主动集结成集体来进一步采取行动。在环境治理面前，公民整体的分散性和弱组织性是与生俱来的特质，公民往往很难获得采取集体行动共同解决环境问题的有效动力，继而陷入集体行动逻辑的困境中。反过来，也就意味着只要在现实层面实现对公民环境认知的有效引导，良好权利运行环境的建构，积极有效的组织动员就有机会真正调动公民参与环境治理的积极性。

第三节　跨区域生态环境协同治理主体参与动因分析

如前所述，立足于复杂人的人性假设分析，我们认为人的行为动机会受利益驱动，而这种利益的内涵却又十分丰富。这种利益不局限于经济人所谈的"自利性"，其具有正当性特征，可能是精神性的亦可能是物质性的，可能是"自利"亦会兼顾"他利"，并且这种利益的追求会随着环境情境的转化而发生改变，进而影响人们在不同的情境下不断通过权衡利益进行行为决定。政府、企业、非政府组织、公民个体实际上都具有这种复杂的个性特征，只不过政府、企业以及非政府组织是个体的集合，而导致其表现出来的组织行为动机比公民个体更为复杂。

环境问题是影响所有人类生存的社会性问题，每一位社会成员、组织体系都有天然的责任和义务维护环境、保护生态。除了共通的社会责任之外，我们在此将通过各类主体内化的固有特征和外部影响两个维度进行差异化动机分析。一方面，每一类主体参与环境治理协作都受到不同外部因素的影响，这些因素可能是积极推动的或是消极障碍性的，它们会从各自不同方面影响甚至决定各个协作主体是否会做出参与协作的决策、参与协作的程度、参与协作的主动性，甚至影响到参与协作的效果。另一方面，客观优势和局限性则描述了各主体在实现共同协作的行为过程中，主体由于其自身社会地位、结构组成、组织性质不同而产生的固有优势或局限性特征，是一种内置状态的特征性描述。这类内部固有的主体特征和外部正负影响因素实际都可以作为帮助我们了解各类主体参与协作动机大小的决定性指标，据此，我们进一步提出有针对性的激励条件，促进协作的进一步形成。

表 7-1　各类主体参与协作动机比较分析

参与主体	影响因素		自身特点	
	推动	障碍	优势	局限
政府	社会管理责任； 改变治理策略； 回应现实问题	原有利益阵地的坚守	资源调配能力强	易产生压倒性力量
企业	寻求政府的支持； 企业利益诉求； 来自其他主体的压力	成本考虑； 信息披露	技术优势； 控制实际污染环节	营利性本质

（续　表）

参与主体	影响因素		自身特点	
	推动	障碍	优势	局限
非政府组织	社会公益取向；群体利益诉求	对政府的依附性	自组织能力；社会动员能力；专业性	力量羸弱
公民个体	环境问题直接感受者；个体利益诉求	松散、分散、组织性差	成员人数众多，对其他主体具有强渗透性	个体素质、认知差异

从上图我们可以看到，每一种社会主体实际上都具有参与协作的可能性与优势，但同时也都具有各自的局限性和障碍性影响。从根本利益上讲，基于环境本身的外溢性特征，所有社会主体都将是环境污染的受害者和优质环境的受益者，因此所有主体在根源上都应具有努力维护环境生态平衡的社会责任。在此基础上，出于个体利益和集体利益的权衡，局部利益和整体利益的比较，短期利益和长期利益的选择，各类主体就会在具体行为上产生分野。从积极的影响因素看，各类主体实际上都会存在参与协作的主动性因素，例如政府基于合法性所承担的社会管理职能，出于对改善治理水平、提高治理效果的主观性而进行的鼓励多方参与的治理策略；另一方面，现实污染问题的不断恶化，环境问题所带来的负面影响不断冲击着社会各个角落，环境群体性事件、环境对经济发展的限制逐渐在现实中展开，这些问题的凸显迫使政府不得不通过协作的开展来缓解和释放此类问题所带来的社会压力。企业的有效参与协作也同样是个复杂性问题，企业过去一直以被管制的身份存在，生存的需求和社会环境公益间的矛盾一直在现实中通过有限度的服从来应对，之所以有限度是因为企业可能会通过和政府间不断的博弈和寻租行为获得更大的自身利益。企业并非天然的"恶"，只不过需要更有利的外部氛围和来自国家力量的支持帮助其改善污染的现状，现有的被管制地位使其丧失了主流的话语权和主动权，真正利益的需求和表达以及寻求国家力量的支持都成为其主动参与协作的动因。同时，企业因为污染行为同样会受到来自政府和社会方面的压力，尤其是公民权利意识的觉醒，因为污染问题而导致的企业公民间对抗或是公民向政府施压、政府再向企业施压的现象越来越多，企业置于这些压力之下也就更希望通过积极主动的协作方式解决问题。另外，公民和非政府组织的

有效参与一直是现代社会民主文明进步的表征，通过个体或集体的力量表达对环境权益的诉求，承担应有的社会责任成为这两类主体参与协作的重要动因。

协作的有效参与同样会由于诸多障碍性因素的存在而变得困难重重，政府倡导多主体的共同协作必然意味着传统的社会治理权限的分享，也就意味着更多特权利益的丧失；而对于企业，过多的参与需要企业信息的披露与共享，过于积极的参与策略也可能导致更多的治理投入而增加企业运转的成本；另外，环保非政府组织在中国的发展虽然有了一定成绩，但权威型的社会治理结构决定了同国内其非政府组织一样需要依附于现有政府，这种依附关系实际上在一定程度上影响了它自身在协作参与过程中的权威性和独立性；公民个体的松散结构和分散性是制约公民形成有效力量的重要原因，产生这种参与障碍的原因主要还是公民个体素质参差不齐，认知差距客观局限性的存在。

基于既有的特点，各类主体的自有优势与局限也是影响动机的重要方面。政府在拥有强大的社会资源获取和调配能力的同时，也会因为绝对的压倒性力量造成协作中共治关系的失衡；企业位于产生环境问题的第一线，对于自身产业技术必定有更多的了解掌握，由于拥有控制污染设备技术的实际选择权也使其在协作关系中具有更多的发言权，但出于机会成本的选择企业往往会屈从于经济性的最终考虑；从环保非政府组织的构成看，环境科学、法律等方面专业人士的大量参与聚集，实际上为这类组织的专业性贡献了重要力量，同时，自身发展的羸弱也限制了参与协作的影响力量；公民的影响力实际是不可忽视的，因为所有的组织都是由公民构成，但是公民个体间的认知、素质、判断等差异又成为其无法回避的短板。

第四节　跨区域生态环境协同治理的结构网络

一、跨区域生态环境协同治理的结构形式

现有的社会实体是一个动态的、复杂的、多样性并存的网络系统结构，而且这些特征伴随着社会的持续发展又在不地的强化。对社会的网络化形容是迄今为止最生动的描述，尤其在复杂社会网络理论的研究中，社会系统被抽象成"由大量的社会节点 [点集 V（G）] 通过相互之间的作用关系 [边集 E（G）] 连接而成。在社会系统中，'节点'为个人或组织机构，'边'代表人们之间的各种社会关系。

复杂社会网络由若干个相互依赖、相互作用的职能性社会主体构成，并通过主体之间的相互作用来凸显社会系统的整体性结构特征。"

我们之所以借用复杂社会网络理论的视角来讨论协作性环境治理的网络结构，是因为环境协作活动的相关主体本身就身处于巨大的社会复杂网络体系之中，这些主体之间的客观联系是我们进一步探讨协作关系的基础和起点，在这些客观联系之上环境协作主体们更深入地发展出相互依赖又各具差异、具有独特运行机制的高层次网络关系。正是在这样的复杂网络社会结构基础之上，为我们提供了一种审视协作性环境治理最为恰当的视角。

很多学者认为现有的环境治理结构为一种"中心—边缘"结构，主要特征表现为治理权限相对较为集中，无论是治理方还是被治理方，政策制定者还是政策执行遵守者，他们之间都存在着明确而严格的界线划分。本书认为现有的环境治理结构更类似于以"中心—边缘"为基础的空间化的立体三角式治理结构。政府处在整个治理格局的绝对中心位置，而且由于它本身所拥有的权力地位，实际上它处于一种不同于社会其他主体的拥有强大资源支配权和统领权的社会高等级位阶，政府通过对社会资源的吸纳调整不断聚拢资源，同时向外部边缘转移风险，尽管有少数拥有相应资源或技术优势的外部组织围绕其周围，成为掌握部分权限的行动主体，或是可能有治理主体通过出让服务的方式获得一定权限，但在实质上这种治理权力仅能被视为为了实现某种交易而进行的让渡，权力并不会被真正分享，所以这种治理结构整体上呈现的是一种权力封闭的单向度治理特征。与这种外部封闭性不同的是，治理结构内部则表现出部门分割、职能交叉、多头管理、缺乏协调等区隔化特点，具体到某一类社会事务，由于职能被分置于不同的部门中又会出现政出多门、各自为政、责任推脱、协调成本高等具体问题，环境事务就是这类问题的典型代表。为了弥补现有治理结构中权力封闭与内部裂化的问题，我们设想通过协作视角下的网络结构来改善和调整这些问题和状况。

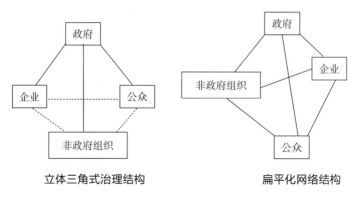

立体三角式治理结构   扁平化网络结构

图 7-1 协同治理结构转型图

同这种立体三角式治理结构不同，协作视角下的环境网络结构更倾向于扁平化特征（如图 7-1 所示）。这种治理结构打破了原有环境治理主体与环境治理客体的对峙，改变了单向度、权力封闭化的治理形态。网络化的有效集散，可以更有效地带来信息利益，同时也推进治理权和公共性的进一步扩散，促进治理参与的民主化提升。每一个参与到治理中的组织或个人都会因为身处其中而更加深刻地领悟治理的目标与理念，而且参与者同时作为行动者壮大了治理的规模与力量，必然会为治理系统增加更多的活力。现有的单中心权力封闭式的治理结构在缺乏外部有效监督的情况下也会成为滋生个体或集体寻租行为的温床，当更多参与主体共同协调商议环境公共政策时，更多原来被排斥在外的意愿或诉求可以获得尊重，集体的智慧和价值观念也会颠覆以往精英个体和团体的"灵光一现"或"为民做主"，取而代之以权责明晰划分、多元协作的开展以及秉持共同的信念与信任。

总之，我们可以将协作视角下的网络结构视为一种更为特殊的社会网络关系，这种网络结构呈现的是多种组织间相互关联、相互依存的存在状态，正是这种组织间、主体间的网络构造性状提供了协作能力得以发展的基础与可能。环境治理中协作行为的产生既可看作是管理者、参与者作为局部存在为谋求一定环境治理和保护目标而采纳的理性战略选择，与此同时我们也可将其视为环境治理各现实主体和潜在主体以网络治理结构形式为依托共同集体行动以期提升治理效果的方式与手段。协作性环境治理以网络结构作为其承载模式包括以下几个内容：①网络结构中包括政府、企业、非政府组织、公民等众多参与者，参与者之间具有独立自主的身份特征，这种独立特征与相互依赖关系并存；②网络结构中，共同利益和利益分歧共存，参与者之间互动的手段是对话、协商等沟通机制；③具有一定程度的自组织特征；④参与者共担责任与风险，共享权力与回报。

二、跨区域生态环境协同治理的结构类型

尽管从整体而言协作性环境治理呈现的是一种网络结构关系的存在，但由于内外各种因素的影响，这种网络结构也会表现出多样化的特征。在此，我们用各主体在协作过程中的相互关系和实现协作的方式作为分析的两个维度将具体的网络结构类型进行区分。如图 7-2 所示，一般来说，主体在协作过程中的相互关系的密切程度可分为互动性和自主性两个变量；主体间实现协作的方式可以通过严格的制度化和灵活的行动性来实现。每组维度相互对应，且作用力相反。

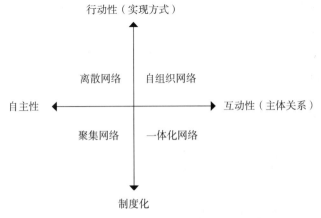

图 7-2　协同治理网络结构类型四分图

制度化是通过制度规范将组织框定在一种有序的范围内，力图把不确定因素实现成为形式上的确定性，以期获得可预测的结果。在制度化的视角下，通过抽象而有限的规则设计对纷繁复杂、千变万化的现实情况进行规范是一种有效的秩序建立的过程。具体而言，无限复杂的现实被简化为有限的纲要条款，生活中具体的多样性被抽象为可以汇总和比较的类别，这样，在制度的保障下，行为的开展可以获得明确的预期、稳定的秩序和可设想的结果。可以说，制度化的安排一直是人们最习惯和常用的思维定式，在这种惯性下，我们对于问题的解决通常被直接归结成对制度的建构与完善。

行动性是相对于制度化这种规范而理性的预设而言的。"高度复杂性和高度不确定性下的社会治理是行动优先的而不是制度优先的"，也就意味着社会相关问题的高度复杂性和不确定性可能导致既有规则与规范的失效。而行动性以其具体灵活的处事方式，表现出对所面临问题和境况更实质、更深入的关注，在兼具灵活

性和回应性的动态过程中谋求公共性的扩展与实现。

互动性表现了主体间动态的密切关系，通过互动，双方或多方通过各自的行动为对方创造一种能够进一步采取措施的基础或资源条件，以此促进对方预设目标的实现以及各自利益的最大化。互动以各自掌握的资源为基础，不同于描述单向关系的"依赖"，这种互动可能是资源的交换，也可能是资源的整合，互动中的各主体作为资源的提供者和获取者的身份角色可以互换及相互影响。

自主性，我们希望借助"自主性"与"独立性"这一对相近词的区别关系来描述与说明自主性的表达意蕴。从本质上而言，独立性描述的是组织的一种结构性和外部性的特征，是组织得以存在的前提性和基础性条件，涉及组织与外部的法律、政治层面的关系，从形式上表达了组织与外部之间的客观区分关系。自主性则强调按照自己的意志和目标来行事，逻辑上侧重于表达组织或个体对自我意识的表达和释放。同"独立性"的形式化不同，它表达了内部的、自我意志的能动性，尤其对组织而言，它更强调组织自我管理、自我治理。在此处，我们还需明确的是，这里要表达的自主性和互动性相对应，意味着自主性强调自我意识行使，因此可能会导致主观上不愿兼顾或客观上没有顾及其他组织的意愿和利益的现象。

按照这四个变量，协作性环境治理的结构类型大致可以划分为以下四种：协作主体间互动良好，以灵活的行动为行为主导的自组织网络结构形式；协作主体间互动性良好，具有严格制度化特征的一体化网络结构形式；协作主体间保持较强的自主性，但制度化明显的集聚网络结构；协作主体间自主性较高，以行动为导向的离散网络结构。

自组织网络结构强调主体关系间的紧密互动，资源交换与信息共享的开展较为深入，组织间信赖度高，自愿性强。由于这类结构通常处于高度复杂性和高度不确定的问题环境下，也就意味着该种类型尽管形成了密切的相互网络化结构，但是各方主体间结成协作关系的形成方式却不依赖于对行动主体微观理性的预设，而是依靠对现实问题真切深入的理解与判断，实现一种理性的自治。

一体化网络结构的主要特征在于规范化与互动性并存，也会进行广泛的信息共享与资源交换，但这一切都需要在形式合理性的指引之下实现。这种结构追求一种最大限度获得确定性的方法和途径，希望获得可以预测的协作过程和结果。

集聚网络结构中的协作主体相比前两类互动关系较差，尽管会产生协作，但资源与信息的交互十分有限，往往是按照协作前预设的行动规则进行程序化的资源信息交流，其中暗含的可能性是存在一方或多方强势的主导力量通过一些外力的作用开展协作，其他主体的自愿性不高，自我意识强烈却也无可奈何。

　　离散网络结构同自组织结构一样强调解决问题的灵活自治性，但往往由于各协作主体强自主性，导致协作主体总是在理性协作与自我实现之间徘徊，挣扎于整体利益和个体利益的抉择中，主体间信任度不高，资源交流有限，所以这一类结构往往是协作效果最差的。

第八章　博弈视角下跨区域生态环境协同治理机制分析

环境治理如何实现有效的协作性，除了稳定的主体和结构构成之外，还需要内在的原因、能力，能自发地起作用使其有效运转起来。"机制"被我们理解为事物内在的因果关系，正是环境治理体系内部某类因果关系的存在，才能催发促进协作的有效开展，保证协作的有效实施，实现协作性的环境治理。协作性环境治理的运行机制包含两方面内容：一是需要存在一定的构成要素。有了这种构成要素的前提，才需要机制对各组成要素之间的关系进行协调，实现协作。二是需要一些具体化的运行方式将所有要素进行关联。机制如果想要实现预想的协作效果，必须通过一些力量将这些要素通过某种关联运转起来。

第一节　跨区域生态环境协同治理的动力机制

一、跨区域生态环境协同治理动力因素分析

（一）资源系统（RS）：强化动力

自然生态系统主要包含水、土地、植被、空气等自然界赋予人类的丰富的资源和耕地、水系、山林等生态环境，自然子系统为经济生产和社会生活子系统提供了必要的物质基础和发展空间。由于资源单位（RU）从属于资源系统（RS），

所以这一部分不再对资源单位（RU）进行分析。区域要实现生态环境治理，使当地居民脱贫致富，生态环境资源方面既有优势也有劣势。无论是优势还是劣势都是推进地区发展必须要考虑的条件。弄清地区生态环境的优势和劣势，着力发挥其优势，克服其劣势，并化优势为信心动力，化劣势为挑战动力。

我国物藏丰富，具有极大的资源优势。降水充沛，河流支系多，水能资源很丰富。多种矿产资源，资源储量比重高。我国有着很好的农业资源，物产也是十分丰硕。同时，旅游资源也非常丰富，有国家级的风景名胜度假区、历史文物保护单位、红色旅游参观基地等。且非物质文化遗产色彩斑斓，各民族间相处也较为融洽，民族间交往交融不断加深。然而虽然有着丰富的资源优势，但是这些丰富的资源又依附于生态系统。各大景区都是因为保存了良好的植被而成为景区的，但由于人们不断地破坏其植被，导致了地质旅游资源景观和环境价值的严重损失，这反而影响到了我国优势资源的开发和利用。

（二）管理系统（GS）：牵引动力

从国家到地方，一系列生态保护工程和政策措施都属于生态管理系统的范畴。比如国家的生态环境治理战略规划、生态的补偿机制、产权制度、相应配套的资金支持、基础设施建设的资金支持等对生态环境治理都发挥着推力作用。国家对生态治理情况给予了高度重视。十九大报告指出，要攻克难关，尤其是重点攻克深度贫困地区的脱贫任务和生态治理任务，说明国家将我国生态环境治理问题放在了重要位置。这对我国全面建成小康社会有重要意义，也为各地区的脱贫事业提供了参考。

但是我们也应该看到，由于地方政府财力和权力有限，难以对当地生态环境治理给予足够的支持。从各国生态治理的实践来看，"产权明晰"在生态治理实践中一直占据着主导地位，但是我们不能陷入"万能药陷阱"当中。我们还需要弄明白"产权制度"能否得到有效的执行以及产权制度对其他相关变量的影响。有研究者认为，对于生态资源，只要有可执行的管理权和排他权，在没有自上而下让渡权的情况下也可以进行有效的管理；相反情况下，在缺少信息、缺乏信任和缺少居民参与的情况下，自上而下的产权转交会降低其有效性。

也有研究者发现，正式产权如果在执行上受到限制、没有得到执行或者与非正式产权冲突，则会削弱产权激励的效果。也有研究认为运行规则和监督机制体现了对"可执行性"的强调，并强调集体成员的实质性参与。其中，运行规则强调"由集体成员授权采取实际行动的决定"，而监督与制裁则强调"当事人要参与监督"，"制裁规则要符合当地的实际条件"。虽然近几年我国的生态环境治理工作取得了一定的进展，生态环境有所改善，但是我们也要清醒地认识到我国生态治理和实现脱贫致富的任务依然很重。

（三）行动者（A）：内生动力

在早期的有关集体行动的研究中，普遍强调行动者规模和异质性对行动者参与生态治理的激励，行动者以经济指标为主、关注经济依赖度以及非农收入的比重。行动者的受教育程度、种植作物及所处地区经济发达程度对居民之间的合作也有显著影响。后来的研究中逐渐纳入行动者的价值观、知识、兴趣等非经济指标。在区域生态环境治理过程中，地方居民的数量、对自然资源和文化资源的依赖程度以及居民之间的"互信"程度对生态环境治理都很重要。这些指标都会形成一种力量对行动者积极参与生态治理给予激励。

按照马斯洛需求层次理论的划分，从低级到高级人们有生存需要、安全需要、社交需要、尊重需要和自我实现需要，我国贫困地区居民徘徊在生存需要和安全需要的阶段。只有居民自身爆发出强烈的发展需要才能成为推动地区生态环境治理发展的内在动力。我国贫困地区交通条件不好、文化素质教育相对落后、经济发展速度很慢，部分地区环境污染问题严重甚至威胁到居民的基本生存条件。我国生态治理和扶贫工作，仅仅依靠政府输血式的扶贫和政策上的引导是不够的。如果故步自封，闭关自守，居民没有生态的危机感，没有形成自我发展的渴望，必然长期滞后于时代。激发贫困地区居民自治的动力，才是治本之道。有了生态忧患意识，就会有防范和预见意识，这是自我发展的一种需要，体现在居民对自身生活质量提高的诉求上。这种诉求和需要在不断地更新、不断地产生动力，推动区域为实现生态环境治理和当地经济发展而不断努力。

树立地方公众的生态观念是生态治理过程中非常关键的一点，这也是实现从生态改革政策向居民参与生态实践进行转变的桥梁，不仅能够推动本地经济的发展、激活居民参与生态治理的动力，这样也才能更好把握住政府的好政策和生态环境治理的良好时机。然而，从当前我国对生态现代化的研究来看，对如何树立公众生态观念还缺少一定的关注和具体的思路。国内对生态治理的研究大多数还倾向于政府的宏观调控，特别是强调行政和法律约束的重要性。加强生态文明建设，营造一个良好的爱护生态环境的风气，这是我们每位社会成员的责任。我们应建立公众的生态观念，以促进公众参与我国生态治理的可能性或者说参与我国生态现代化的实现。

二、SESs 框架下各核心系统间的驱动关系分析

（一）资源使用者之间交往的驱动关系

生态资源系统的存续和衰竭主要取决于生态资源占用者（居民）的行为，研究他们之间交往的行为关系显得很重要。只要他们在同一个资源系统中，他们的生产和生活就依赖于这一生态系统，属于相互依存的关系。每位居民做出的行为选择都是以其他人的行为选择作为对比和参照的，他们会根据其他人的行为来相应地做出自己的选择，同时会影响其他人的行为选择。一般来讲，在可能会存在生态资源过度使用的情况下，如果居民独立行动，肯定不如他们组织起来，以一定方式协调行动带来的收益要高。

因此，把各个相关的个体组织起来，使他们的独立行动转为集体行动对区域生态的治理是很重要的。因为生态环境多是复杂和不确定的，使他们采取集体行动往往不是那么容易，每一位生态利益相关者在这种复杂和不确定的环境中经过多方面的考虑和衡量最终才做出自己的决定是否要参与到生态治理的实践当中。奥斯特罗姆教授经过大量的研究分析出了影响个人行为的四个变量，分别是预期收益、预期成本、内在规范和贴现率。人们往往会根据行为的预期收益和预期成本做出行为选择。也有一些外部的因素，比如贴现率以及群体内的行为规范来影响人们对于预期收益和预期成本的轨迹。

（二）资源系统与外部变量之间的驱动关系

通过 SESs 框架来看，资源系统不应该被视为孤立的存在，它也不是孤立地自然演变，而应该理解为资源系统的变化是同其他相关系统变量相互作用的结果。在稳定的社会经济和政治背景等宏观变量下，资源系统的变化可能会冲击管理系统和行动者。同样，管理系统的变化和行动者行为的变化也会影响到资源系统的稳定。资源系统与外部的各个变量密切相关，形成一个大的社会生态系统，要实现生态环境治理的目标，需要各相关主体部门从多个方面一起努力，克难攻坚。

（三）资源系统与行动者之间的驱动关系

资源依赖性被界定为资源对于生计的重要性或者使用者对资源可持续性的价

值观，是影响集体行动参与激励的变量。从行动者的角度，奥斯特罗姆教授曾提出需求水平的概念，即"行动者对生态资源系统的需求越高，其被满足的程度就越低，对集体行动的影响就会越消极"。生态资源具有稀缺性，居民日常的生产生活都依赖于生态资源。

但是随着各级政府各种生态扶持政策的出台，当地社会经济有了较快的发展，农业人口向非农转移的趋势不断加强，社区居民对当地的生态系统资源的依赖性普遍减弱。那么如何激励区域居民积极地参与到生态治理当中，促进区域生态环境协同治理就成了影响政府、社会组织、社区成员集体参与生态治理行动的关键。

通过资源系统与行动者之间的驱动关系进行分析，这为区域生态治理实践提供了一个努力的方向。我们可以通过引入对居民的各种激励手段，发挥其在生态治理方面的积极作用，增强居民集体行动达成的可能性。例如我们可以通过制定并实施奖惩规则来激励居民参与生态保护和治理当中，发挥媒体时代的舆论宣传功能，使大家凝聚起来，形成一股合力，共同推动区域生态环境有效治理。

（四）资源系统与管理系统之间的驱动关系

国家政府部门逐渐将生态环境的管理权力下放至各级政府和社区自组织，给予地方更多的发展空间，政府则在宏观的层面上指导着各地生态环境治理的实践工作，并且制定了许多能够促进生态环境治理的相关政策，区域居民生态自治的权利逐渐加大。社区居民可以在生态治理方面获得相应的能力建设，尤其是对妇女、老人能力建设的投入，使闲置人员在生态治理方面能够发挥余热效应。由社区组织承担集体选择规则的交流成本，集体选择的规则对领导权和行动者能够形成有效的激励，集体行动投资、游说、自组织建设、管理与监督等集体性规则可能达成。居民更加熟悉地区的生态资源状况，要让群众积极参与到产权制度的界定中，会使相关规则更加清晰且容易被居民接受。

国家和各级政府对我国生态问题尤其是区域生态情况一直给予高度重视，出台了一系列相关政策，如生态补偿、绿色补贴、创新项目扶持、减免税、贴息、政府直接补助等给予多种经济支撑，支持绿色生态产业的发展，实现资金补偿和生态价值相对等政策。在经济激励下，社区居民逐渐参与到生态治理的行动当中，采取集体行动保护生态环境，居民也享受到了生态治理所带来的各种红利。

三、跨区域生态环境治理动力机制的构建

构建生态治理动力机制是构建一个有机联系的整体，是生态保护"带规律的模式"，其中，动力系统是生态治理动力机制中的核心要素。在不同的环境条件下，该机制的动力系统由内外部要素共同构成，动力系统的内部动力和外部动力相互影响、相互联系，即内部动力在外部动力的诱发和促动作用下得以启动，两者缺一不可。本书从引力机制、压力机制、推力机制三个维度探究了区域生态环境协同治理的动力来源。

（一）引力机制：内在利益诉求的驱动

生态保护动力系统的内部动力，是指地方政府在利用其权力和资源实现利益诉求的过程中，由内部产生的推进生态治理的自发性力量。地方政府的内在动力（引力）是生态治理动力来源的关键，在动力系统中具有根本性地位和作用。从区域生态治理实践来看，引力机制的具体表现形式主要体现在以下三个方面。

首先，地方政府的治理理念。政府治理理念是对政府治理活动合规律性、合价值性的一种思维模式，对其施政行为有重要影响。因此，树立正确的治理理念对于行政区内的生态治理至关重要。

其次，行政区的利益导向。在现行财税体制下，地方政府与中央政府的财权事权不匹配，导致地方政府本位主义思想严重，通常以辖区内的利益最大化为目标。走生态治理的路子是地方区域未来发展路径的最佳选择，可使其在守住"绿水青山"的同时加快实现"金山银山"的目标。

最后，地方政府官员升迁的内在诉求。在现行的干部人事制度体系下，政府绩效是决定因素之一。区域政府官员改善生态环境以实现自身晋升，实际上就是做出符合政绩考核偏好的理性行为选择。

综上，引力机制的三种表现形式作为地方政府利益诉求的外化表现，三者内在统一。其中，治理理念是地方政府实现利益诉求的核心导向，而行政区利益和官员升迁诉求则与当地经济社会发展状况呈现出显著的正相关关系。

（二）压力机制：社会舆论监督的强化

压力机制是指在外部压力作用下产生的压迫感和紧迫感，是促使地方政府（官员）生态保护行为产生的外部动力，具体表现在地方政府的责任、政府间博弈和

社会公众偏好三个方面。在不同地区和不同时期的生态治理实践中，压力机制各要素的行为效能存在明显差异，各要素的具体含义如下。

首先，地方政府的生态环保责任。县级政府作为一方的治理主体负有保护生态的责任和义务，是管理和治理当地生态环境的直接承担者。党的十九大报告提出，要建设人民满意的服务型政府，要求地方政府树立为人民服务的理念，强化政府公共服务职能。生态保护事关民生福祉，是公共服务的重要内容，也是构建服务型政府的必然要求。

其次，上下游政府间的博弈。在同一流域的不同行政区域，其利益往往是不一致的，上下游政府之间对流域生态保护的态度往往存在分歧。相邻地区在竞争与合作中首先考虑的是当地企业的利益。因此，在产业布局规划中，为转移治理成本，处于上游的政府往往会把污染项目布局在下游或与其他行政区的交界处。

最后，社会公众偏好的影响。一项关于环境库兹涅茨曲线（EKC）的研究发现，消费者偏好的不同会显著影响政策制定者对环境治理的决心和力度。如此一来，识别公众偏好（公众需求）就显得尤为重要。刘小青基于两项跨度10年的实证研究的调查数据认为，公众对环境治理主体的选择偏好存在显著的代际差异，即公众参与环境治理的主体意识逐渐增强。从某种程度而言，地方政府对公众诉求的响应程度关系到自身的公信力和号召力。

从当前地方政府的治理实践来看，压力机制中效能发挥更为明显的是社会公众的舆论监督，尤其是新媒体的产生和发展使得社会公众对于地方公共事务的参与程度有了显著提高。当然，行政体制改革的不断深入和政府职能的有效转变也在一定程度上提高了地方生态治理的内部压力。

（三）推力机制：良好外部氛围的助力

推力机制是指在生态治理的实践中形成的一种顺向推动力，即促进地方政府加强生态保护的良好外部氛围，其在县级政府的具体实践中主要表现在以下三个层面。

首先，政策引导形成自上而下的制度性推力。党的十八大以来，党中央高度重视生态文明建设，地方政府积极争取上级政府的政策支持，深入开展了国家主体生态功能区和国家公园体制的试点工作。

其次，地方创新形成的横向推力。协调经济发展与生态保护的关系对后发地区而言通常是一个难题，尤其是对于拥有绿水青山的区域而言，在发展中如何践行"两山"理念，将"绿水青山"切实转化为"金山银山"是一项战略性任务。地方创新的一个显著特点，就是在"规划＋生态"的优势引领下，以战略部署坚定生态转型，以绿色发展保障生态转型，以创新改革推进生态转型，以文化融合提升生态转型，将地方作为一个大公园来规划、建设和管理，实现"一本规划、一张蓝图"，为促进当地的生态保护提供强劲的推动力。

最后，环保 NGO 发展形成自下而上的体制外推力。在地方环境治理体系中，政府并非唯一的治理主体，生态文明多元主体治理日益成为共识。地方性环保组织组建"骑行志愿者队"，提倡节能减排、绿色出行；环保志愿者协会先后开展和参与了"环保公众开放日"、河道巡查环保公益宣教等志愿服务；志愿者通过日常关注、积极参与监督污染源活动，成为环保监察的微观主体。与引力机制和压力机制相比，推力机制目前在县级政府生态治理中发挥的作用相对有限，但从长远来看其重要性不容忽视。特别是在内在动力和外在压力各要素相对均衡和固定的情况下，推力机制的效能将会成为决定地方政府生态治理成效的重要影响因素。

第二节　跨区域生态环境协同治理的形成机制

主体间互动、资源整合、利益协调和制度保障是协作性环境治理的重要构成机制（如图 8-1 所示）。主体间互动机制在主体层面展现了环境治理协作主体间主动的、积极的信任关系。资源整合是从客体层面针对协作结构中各类资源优势进行重新调配整合，实现最大化效益的发挥，体现了协作性环境治理得以实现的能力性可能。利益协调机制主要着眼于主客体之间的复杂关系，是涉及主客体之间混杂关系的调整机制，尽管利益主要是针对主体而言，只有主体间利益实现了有效的协调，找寻到共通利益支点，才能成为共通参与环境治理的动力，但我们这里的利益协调机制同样涉及物质层面，不同于资源整合。该种整合是希望通过有效的重新布局或组合来实现优势的互补以实现效能的提高，利益协调则是通过资源或经济的再分配来重构主体间的共同利益或实现协作关系中的现实平衡，存在着作用和目的上的根本区别。最后，制度保障机制是所有行为活动运行秩序的保证。

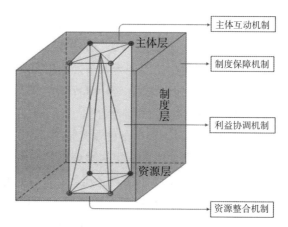

图8-1　跨区域生态环境协同治理机制关系图

一、主体互动机制

互动机制是协作性环境治理有效运作的内生机理。环境问题的复杂性和更高质量的现实服务需求客观要求环境治理协作主体通过互动协作才能完成相应的结果和目标，这一过程也使得协作主体间共同联系逐渐加深、更为密切。更加灵活的过程与相互匹配的协调要求增强互动频率以实现对隐性知识和信息的共享。以互动为基础的协作主体间的关系更多折射出非强制、民主的意蕴，通过互动机制，协作主体之间的兼容性和理解程度大大增强。可以说，互动机制的有效运转是协作主体之间相互施加影响的重要基础，也是协作主体能够对环境变化做出快速反应的有效保障。在互动机制带来的相互了解的加深和关系的紧密化基础之上，信任必然被巩固，这种非强制力下的、以公平为基准的信任关系可以免除双方或多方交流中的误会或认识差异，进一步增进理解，从而有更多的机会使协作主体进行思想交流和资源的交换。处在协作性环境治理关系结构中的各主体实际上并不具有先天资质、能力或资源的平均一致性，在原有的、非协作的关系结构中，实力的强弱、规模的大小、资源的多寡、来自民间还是官方都成为影响组织间地位与关系的尺度标准，但如果能以信任、公平、理解为前提，增强交互关系，拓展主体间的隐性知识、信息与能力的交流，必将扩大协作组织团体资源利用的边界，促进共同利益的形成，降低组织间的协调成本。

二、资源整合机制

实际上，在环境治理的协作开展之前，协作主体作为环境治理的实际或潜在参与者应该就已经进行了组织内部的社会资源整合，因为每一个社会主体尤其是以组织形态存在的主体必然是基于特定领域而成立的，汇集更多资源、形成集体行动的合力、提高效能实现目标成为结成组织的初衷。但单一组织结构内的资源、能力有限也促成了更大范围内的组织之间的联合行动，这是对客观现实中对环境治理复杂任务与不确定的需求回应的必然选择，而这种联合行动也必须通过各组织间资源的整合来有效实现。将整合机制作为基础进一步衍射出协作关系之间的互动、互信和互惠关系结构，以实现协作的创新、凝聚力的聚集以及优势协同的产生。整合机制通过理性而有序的资源和功能的重组，产生较原来更多的结构功能，释放更多的创新机会；而同传统的权威机制和价格机制等调整机制不同，协作中的整合机制由于其中信任因素的存在，不仅不会激发起组织成员的边缘化感受，而且恰恰是凝聚组织的动力；另外，整合机制使各协作主体在充分利用自身资源的同时，也为社会组织汲取和整合各类适用资源提供了有力的保障。

整合机制主要在两个方向上运作：一是水平整合，是以资源储备的依赖方式来扩大资源的享有量，增强新技术与新技能，实现团体间资源供给的共存与差异性互补。二是垂直整合，是以资源移位的关联方式将资源的使用范围扩展至多个组织，在范围经济的基础上重组价值链。整合机制正是通过在公正原则下的主体赋权，使各个协作主体通过网络结构的承载与联结实现对管理权力的分享与利用，各方资本的互补与强化，多源信息的共享与反馈，从而实现对资源的真正调整与匹配。

三、利益协调机制

利益协调机制涉及了主客体两个层面的多重关系，描述了主客体内部之间复杂关系的调整。在制度经济学上，交易的起点就是互利。在我们对人性的假设反思中，也同样无法回避个体或组织在不同情境下的逐利行为。个体间、组织间能够有效实现协作和集体行动，利益的共存和相容才是行动的始点。环境治理虽然是对现有或潜在问题的解决，但其背后隐匿的主体共存亡的根本生存利益才是所有主体共同参与、全力解决的出发点。在立足现有的分裂的、碎片化的治理的反思基础上，多元主体协作参与、全力以赴，而且基于各自特色，形成了多层次、多格局的治理结构。伴随着这种丰富性、多样性的结构态势形成的同时，利益的区别与冲突也必然是客观存在的。根本的利益和基本的共识是达成协作的基础，但它无法解决后续的多元主体所带来的差异化的个体利益、局部利益和短期利益对根本利益与基本共识的冲击与蚕食。在认知、素质等因素的影响下，根本的、长远的利益可能不足以理性地压制那些个体、局部的利益诉求，而我们还需要用一种共治和协作的手段来加以完成时，我们就需要一类能够对这些冲突的利益间进行有效调整的机制和手段。只有利益被有效地协调、主体间关系被捋顺，共同的或者相容的利益才会出现，协作与集体行动才能有机会实现。相反，如果这些差异化的利益没有被有效调整，尽管从长远或整体上看具有一定的协作基础，那么眼前的利益分歧也足以摧毁脆弱的协作基础，所以利益协调机制是协作性环境治理实现的动力所在。

利益的协调需要具体通过对多种资源的调配或经济利益的补偿来实现和完成。这种资源的调配和经济的补偿正是为了消弭协作中诸多的差异化和冲突矛盾，最终达成一致协作的认识与共识。这种利益的调整既体现了主体间关系，又体现了客体物质经济层面的调整，反映了两个层面间的错综关系。在协作性环境治理的具体实现过程中，可以通过多主体间的有效协商实现利益的调整来促进合作；主体间局部的利益冲突或短期的利益冲突也可能导致矛盾的激化，使协作陷于瘫痪，具体的冲突调停机制来终止情势恶化推进协作则是针对这类问题的较好方法；另外，通过直接的经济利益的补偿也就成为现实中进行利益协调的具体有效办法。

四、制度保障机制

制度是指任何一个相对独立的社会集团或组织单位，对自身的结构体系和活动方式所做的设计与规范，也是它对其所属部分和个体成员的行为施加约束的一种规范方式。制度存在的意义在于它可以约束个人的行为，将社会或组织行为控制在一定的秩序范围内。实际上表明了制度隐含的两种功能，即满足人的需要和限制人的需要。因此，制度被认为是一种需要普遍遵循的行为规则和规范体系。这种行为规则和规范体系就作为制度的核心所在，表明了制度对个体行为和社会关系都具有强制的约束效力，这种约束效力适用于制度涉及范围内的所有构成成员，表明了其强制性的特征。稳定性也是制度的一个重要本质特征，制度通过保持自身的稳定性来减少或克服外在环境的不确定性和变化因素，为组织的正常运行和发展提供预期和保障，这也正是制度的价值所在。换言之，丧失稳定性的制度不能称其为制度。制度还应具有较强适应性和可设计化的特征，作为制度的具体描述，行为规范和规范体系应体现出较强的灵活度和伸缩性。这里既可以包括正式规则也可以包括所有的非正式规则，这就意味着制度不仅仅包含宪法、法律所规定的制度，还包括在社会发展过程中不断形成、调整、变化的惯例和习惯等，而且即便是稳定性极高的法律，也是需要随着社会时代的变迁而逐渐完善，或适应新情势被重新设计的。制度的强制性、稳定性、适应性和可设计性实际上满足了人们维持秩序，使社会及组织的存在和发展得以有效运转和延续的目的。具体而言，制度所具有的秩序保障和信息承载功能的发挥是社会、组织、结构得以生存、发展、绵延不息的必要基础与前提。

制度的存在与发挥作用同我们致力于追求的协作性环境治理那种灵活应变并不绝对冲突。要实现协作，必然需要制度的规范与设计，这其中既包括限定和约束协作行为的规则体系，还包括微观上协作主体间为实现行动的一致而达成的契约。这种规则是一种宏观的调节体系，借用日本新制度经济学家青木昌彦从博弈论的角度的阐述，这种"制度就是保障博弈正常运行的自我维系系统，制度的本质是对均衡博弈路径显见特征的表征，由于这种表征与几乎所有参与人的策略决策有关，因而为几乎所有人所感知"。那么在协作性环境治理中，主体间积极互动、自发或被引导的协作过程中，规则就会起到一种规范主体协作行为、协调主体间利益关系、有效防止协作失败风险的作用和功能。契约不等同于这种规则，它更微观而直接，是协作主体间通过协商、谈判、博弈、妥协而订立的类似合同的协议。这种契约的订立，可以直接起到制约协作主体行为、明确协作主体的权利与责任、提高协作效率、减少监督成本的作用，进而保证协作的有效推进。

第三节　跨区域生态环境协同治理的运行机制

机制本身就包含了内部要素的有机运转，同时，机制之间也像机械齿轮一样通过相互间有序的啮合传动形成一种持续运转的状态，从而实现协作效应的实现。从这种动态的运行机理来看，协作性环境治理的互动机制运转可以视作是以对环境问题的回应为起点，通过潜在协作主体积极的互动性机制的发挥，在基础性利益和共同问题回应的共识基础上以信任为基石建立起主体间密切的关联；主体间总是存在各种差异性，在这种差异性的引导下必然会引发协作关系的覆灭，因此就需要通过利益协调机制对主体间除那些基础共同利益之外的分歧进行有效调整，这一过程可能涉及资源、经济的补偿或者再分配；如果互动性良好，利益关系被有效捋顺，那么资源就可以根据实际需要进行有效整合；主体互动、利益协调、资源整合每一个机制都需要在制度的规范下有秩序和有原则地运转，并最终实现协作效应的完成。这实际上是一个持续的闭合回路。每当一次循环运转顺利完成，信任得以加固，互动将更为积极，利益的调整获得新的经验，资源的调配和整合能力得以加强，规范与制度也将被进一步完善。当出现新的问题时，这种循环将继续进行，协作的深度、广度和范围都会进一步提升，从而实现协作效应的更好发挥。

具体而言，首先，环境问题的迫切性是形成协作的客观动因，环境问题的外溢性和复杂性直接影响到了社会中的每一个主体。对环境问题解决的迫切期望成为所有人的共同意志，各个主体也愿意承担起维护切身生存权益、解决环境污染、保护生态的职责责任。所面临任务的艰巨性使各主体意识到自身的不足与缺陷，即便是那些传统的资源调配力量的主体，例如政府也开始审视自身的局限，对外封闭内部割裂的状态使其问题解决的效果十分有限，来自政府外部的社会力量参与进来的呼声和意愿也越来越强烈。所有主体都形成了协作的意愿与共识，认识到了协作的必要性，对问题解决的迫切性决定了各方主体必须彼此互信、抛开成见。至此，各方主体开始建立联系，进行紧密的沟通，主体间的互动机制开始发挥作用，主体间不断进行沟通与协商，对于未来的协作行动开始设计、策划、规划蓝图。可以说，共同解决问题的意愿、愿意承担环境治理的责任、问题的艰巨而对自身能力限度的认清都成为各类主体积极开始互动的促发因素，也是具有共性的协作基础性原因。

其次，共性不会是永远的主旋律。在具有各自不同组织形态、身份、地位、性质的各类主体参与到协作的过程中，就必然带来了不同利益、考虑、判断甚至行事风格。主体的差异性决定了具体利益的区分，这种差异化也成为影响协作的离心力。为了能够继续实现协作，各协作主体需要更进一步的沟通与协商，通过不断地博弈、讨价还价、妥协让步来实现利益差异的最大协同化。与此同时，资源的分布不均，环境治理的外溢影响也从客观层面引发矛盾和争议。因此，利益调节机制发挥的作用不仅是调整主体间相关利益，还要涉及物资、资源、资金等方面出于平衡主体间利益而进行的再调整和再分配，经过利益调节机制，冲突与矛盾被降至最小化。利益的有效调整是协作建构的重要环节。

再次，当主体的共同利益得以构建，分歧与矛盾被有效化解，各协作主体间的共治关系就会变得更为密切，协作被持续性有效推进，其中重要的内容就是资源的整合。资源的整合需要协作主体对资源客体中的人、财、物、信息进行整体性设计与规划，实行公平高效的整合管理，实现治理环节中的资源共享与互补。这种资源的有效整合实际上是同治理主体间协作过程中产生的协作管理能力密切相关的，这种协作管理能力通常被暗含于资源整合能力中。

最后，主体间互动、利益协调和资源整合使得协作性环境治理的实现具有可能，规范有秩的运作必须通过制度机制作为保障。在制度保障机制作为保证的框架下，协作效应得以产生，环境问题可以通过治理方式的改变得以有效改善和解决。

如图 8-2 所示，互动、协调、整合、保障机制好比协作性环境治理整体机制运作中的多部马车，动态地、不间断地影响和改变协作行为中既有的结构关系与资源调配。而每一次互动与整合的运作由于受到目标的调整、方式的变化、信息的变更、利益的考量和风险的比较而显示出不同的内容和形态，而前一次是下一次的基础与过度，下一次是前一次的延续和提升，在不间断的变化曲线中寻求阶段性的平衡。

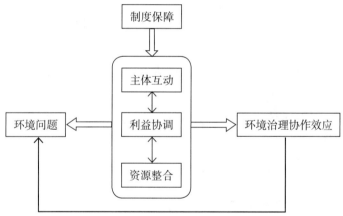

图 8-2　跨区域生态环境协同治理机制运行流程图

第九章 博弈视角下跨区域生态环境协同路径及治理对策

第一节 跨区域生态环境治理协同路径选择

本书从博弈视角出发，就区域生态环境协同治理提出相关解决路径及对策，从而健全区域生态环境治理机制，拓宽治理路径，创新治理理念。本书对区域生态环境协同治理从主体协同方面选择其解决路径，最终达到协同治理的目标。

一、政府主体的协同治理

（一）加强中央政府与地方政府的协同力度

中央政府与地方政府应该维持中央政府的权威性和公信力，地方政府之间地位平等，在区域生态环境治理方面，中央政府进行治理政策和治理措施的统筹规划，提出治理总目标，地方政府认真深入贯彻执行。此种协同方式需要保证治理政策的科学性和可行性，对于违反治理目标和不履行具体政策的地方政府要有严格的惩罚机制，保证协同治理工作的统一性和高效性，树立中央政府的权威。此外，要保证权利的灵活运行。过去上行下效、自上而下的权利治理模式需要转变，实现中央政府与地方政府之间的灵活执政，在充分尊重地方的发展特色和环境差异性的同时，对下级政府职责灵活安排，保证权利的上下流动。出台相关法规政策，保障协同工作的开展。地方政府间由于经济发展不均衡，并且存在相互的资源竞争，中央政府应出台相关法规政策，明确各地方政府的职责，在权力下放的同时对其行为进行一定约束。只有在完善的行政环境下，协同治理工作才能有条不紊地开展。

在履行中央决策的过程中可以运用生态补偿等经济手段激励地方政府的治理行为。生态补偿手段分为政府补偿和市场补偿。政府补偿指政府通过财政支出达到对生态进行补偿的目的。而在生态补偿中主要实行地方同级政府之间的横向财政转移支付，根据环保达标情况不同，相互支付补偿金。市场手段指通过把生态系统所提供的可交易的生态环境服务转化为可计量可分割的商品形式，通过市场进行交易。另外，补偿方式有政策补偿、物质补偿、资金补偿和技术补偿。

（二）提高地方政府间的协同效率

区域生态环境协同治理不仅包括跨省的区域协同，同时包括省内各相关地市之间的地方政府间的协同，区域与地方政府间的交错纵横形成一个网络化的协同治理模式。

地方政府是在中央政府进行统筹规划后实现相互协调、合作，不仅节约了中央政府协调的成本，还提高了协同治理的效率。地方政府间的协同机制建设，需要一方面加强地方政府对生态环境建设重要性的认识，充分理解中央的治理内涵和治理理念，在政策目标协同的基础上更要保持价值理念的一致和协同；另一方面，在中央政府实行纵向转移支付的生态补偿政策的同时，地方政府间应该形成合力，共同推动生态补偿政策的横向财政支付，保证各地方政府间利益的协同和受益者的平衡，减少中央政府协同治理的工作量，提高整体治理效率，积极提升黄河流域生态环境协同治理的积极性。

（三）拓宽跨部门职能的协同范围

由于生态环境协同治理机制不够完善，尚处于摸索阶段，在一些环境管理部门中存在管理的缺位。又由于历史原因，相关部门存在着职权重叠、划分不清等问题，树立大局意识、整体意识，以生态环境综合管理体系为目标，实现各级行政管理部门之间的协同治理，实现治理理念、治理目标协同以及信息的有效沟通。实现生态环境治理相关部门之间的协同治理，整合各部门的职能，对各部门的职能分工进行明确的划分，防止出现部门间职能的交叉、管理的缺位等管理不善的现象。要按照生态环境治理工作的内在要求，将发改委、林业局、国土局、水利局等相关生态环境治理的部门整合到生态环境部。2018 年 3 月 17 日，第十三届全国人大一次会议表决通过了国务院关于国务院机构改革方案的改革，其中对生态环境部的职责，国家发展和改革委员会、自然资源部、水利部、农业农村部等部委的环境保护职责做进一步整合，组建生态环境部，各级政府可以通过借鉴中央机构改革经验，实行西部地区黄河流域治理部门机构的编制重组，优化结构来解决多头管理、相互争权、职能交叉、职责不清等问题，保证职能部门更加科学有序地发展，从而实现生态环境治理目标。

（四）改善公务人员与政府的协同机制

建立公务员的目标协同，加强公务员的生态环境协同治理目标的建设，从而防止"目标移位"现象的出现，加强公务员生态文明建设教育，将生态文明的道德内化成为公务员自身的精神。建立健全公务员的激励制度，使得公务人员参与环境治理建设时更有动力，提高治理积极性。加强对公务人员行为的监督和审查，严厉打击杜绝公务人员以公谋私的寻租行为的发生，提高公务人员行政的透明度。

二、市场主体的协同治理

市场的主体是企业，要实现市场的生态环境治理协同，就是要实现环保型企业和非环保型企业之间的协同。区域重工业企业，污染十分严重，且多为老工业企业，规模大，时间长，涉及资源众多，想要彻底改变其管理和运行模式十分困难，因此需要发挥市场的协同作用，通过协同治理共同改善流域生态。

（一）降低环保型企业内部的交易成本

改变区域企业的管理模式，企业内部交易成本过大多数是由于企业内部体制老化、技术落后、对于风险的不确定性较高所导致的。因此，要实现生态环境协同治理就是要先实现企业内部的协同，要优化其管理结构、创新引进新技术，提高风险的确定性因素。

首先，由于本地企业多为国有企业，过度依赖政府导致其内部组织管理效率低下，组织僵化。应该在兼顾历史问题的基础上，采用渐进式改革模式，优化组织管理层级，精简机构，提高组织的运行效率，降低企业内部交易成本。其次，创新技术产业，可以引进国内外先进的治污技术，先进的技术能优化企业内部的运行流程，减少不必要的浪费，最终达到降低交易成本的作用。最后，充分评估企业的不确定因素，必要时可以引入专家建议，及时找到应对措施，减少风险和危机带来的利益损失。

（二）加快建立排污权利及权利交易制度

排污权是指政府经过对生态环境的评估，确定每个企业的污染物的最大排放量，以此规定每个企业的排污量和排污权，并允许这种权利的交易。排污权有利于环保型企业和非环保型企业之间的协同。非环保型企业由于有了排污权的限制，对企业污染物的排放进行治理和减排，当超过企业规定的排污量时，非环保企业则与环保企业进行排污权交易，同时环保企业从中获取利益，如此构建了环保企业和非环保企业的合理的协同机制，避免了排污量竞争的"囚徒困境"，稳定了市场秩序，提高了协同治理的效能。

（三）加强政策性扶持和法律约束

一方面，政府应鼓励企业对于排放的污染物进行治理，包括鼓励银行贷款，降低贷款利息以帮助企业排污及建设，制定符合地区发展的排污交易权等。另一方面，政府应加大对污染环境企业的惩治力度，对于非环保企业但又不履行环保义务和责任、违背政府环保政策的不法企业实施制裁，杜绝不治污企业对市场机制的扰乱。

三、社会主体的协同治理

（一）提升社会公众的协同治理能力

1.加强生态环境保护意识宣传，强化公众的环保意识

区域生态环境治理必须一方面健全环境立法、严格环境执法，另一方面加强生态文明教育、培植公众的环境保护理念。地方政府相关环保部门可以采取多元化丰富的活动形式，如讲座、系统培训等，提高干部群众的环境法律意识，把各级干部和企业经营者作为环境培训的重点，转变他们处理环境保护和经济发展关系的思维，拓宽能力范围。只有将生态环境保护的价值理念根植人心，才能保证协同同工作的顺利开展。

2. 拓宽公众参与渠道

公众参与生态环境协同治理可通过"线上"和"线下"两种渠道，即网络渠道和非网络渠道。当今是互联网飞速发展的时代，互联网的方便、快捷为公众参与提供了一个良好的平台。在生态环境协同治理方面，应运用互联网方便快捷的优势，构建多元主体的网络协同机制。通过网络参与体制的构建，公众的知情权进一步得到保障，获得信息的时效性和完整性也进一步得到提升；并引入专家对于相关政策的解读以及对公众相关问题的答疑解惑，可大大降低群体性事件的发生频率。此外，可将政府和市场主体引入网络机制的建设中，提升沟通效率，提高主体间信息的流通性，确保各自的利益得到保障。同时也为监督机制的实施创造了良好的平台，各参与主体可通过网络平台实现自我监督和相互监督，同时也拓宽了监督渠道。"线下"渠道为信访制度，利用电话投诉和举报等通过相关部门和组织参与生态环境协同治理当中。

3. 强化公众监督的重要性

政府在公共事务的治理中往往会忽视公众监督的重要性，公众的诉求得不到重视甚至被忽略，从而使决策的精准度降低。黄河流域生态环境协同治理中，应加强公众监督机制的建设。由于水资源流动性的特点，在监督过程中应引入跨域监督，建立跨区域的监督联动平台，公众可通过平台直接进行监督并提出诉求。各省之间，各地区之间实行监督过程的透明化，并保证监督工作的时效性。

（二）提高环保组织的治理能力

区域环保组织的发展有利于改善我国强政府弱社会的治理形态，同时，环保组织的发展还有利于公众与政府进行有效的沟通，集结民间环保力量，促进协同治理的发展。

1. 加强环保组织的资源建设

环保组织不能发挥其真正意义上的作用，主要原因在于环保组织拥有的资源过于匮乏，包括人力资源、技术资源、财力资源。人力资源是一个组织最核心的资源。目前，西北地区黄河流域环保组织多由学生和环保志愿者组成，队伍实力过于单薄，应该在拥有财力资源的基础上完善其工作条件和技术支持，以吸纳更丰富的环保人才和环境资源专家。而财政资源是最基本的资源，可通过相关环境税收和拓宽专项基金的渠道获得。首先，完善生态环境税收体制。提高企业排污治理的税率，通过经济手段制约企业对于环境污染的行为，放宽环保企业的征税力度，采用弹性的征税手段鼓励更多的绿色环保企业进入市场。其次，设立生态环境保护专项基金。通过各种财政手段获得的税金可由专门的专家领导小组进行合理分配，完成对跨区域不同地区的合理的对口支援。在提高环保组织自身能力的同时也提高了环保组织的治理能力和服务能力，有力推动生态环境协同治理工作的开展。

2.搭建环保组织与政府的桥梁

环保组织的有序健康发展离不开政府的支持。政府应该将权利进行下放，适当退出一些领域，赋予环保组织更多发展空间，引入环保组织的治理承接工作，这样一方面有利于环保组织融入公共事务的治理，另一方面可提高环保组织的认知度和公信力以及提高环保组织地位，建立一个强政府、强社会的治理模式。跨区域可联合组织进行相关政府培训，从而提高区域生态环保组织的实践能力。

最后，避免环保组织的失灵。一方面应该加强关于保障环保组织权益的立法建设，另一方面保证环保组织、市场主体和政府主体的协同。随着公众参与的不断深入和普及，环保组织应该与政府和市场联手，共同构建合理的社会协同体制建设，减少和避免环保组织失灵的现象发生。

四、市场、政府和社会间的协同治理

（一）构建完善的法律体系

完善的法律法规体系是协同治理工作开展的必要行政环境基础，运行良好的法律法规体系可以避免政府不作为、政府行为不规范、企业行为违法乱纪、公众诉求得不到有效解决等现象的发生。而这些问题的出现正是市场、社会、政府难以协同的根本原因。应建立立法协同机制，区域生态环境的相关法律法规体系的构建可以以京津冀地区协同治理法律体系为参照，制定既符合地区发展的历史规律，又符合地区经济发展的法律法规体系。西部地区黄河流域各地的地理、地貌、自然条件、生态环境、资源情况、人口情况、历史情况等有较大差异，中央政府应制定符合本区域经济发展特点和地域环境特点的规章制度和法律体系，区域以此为基准，再制定符合地区发展的法规政策体系，切实将法律法规的协同落到实处。而为了保证地方政府各自的利益，则可以实行司法协同，区域法院、检察院等司法机构实行联动机制，审判协作、创新诉讼、审判机制，在协同治理的基础上保证各地区的利益。

（二）构建治理主体的多方对话机制

生态环境协同治理推进困难的重要原因是治理主体难以做到有效、及时的沟通，缺乏对话机制和沟通平台。区域之间应建立互联互通的网络平台，利用互联网即时、快捷的特点构建一套完备的对话机制，政府可以了解公众的诉求，并给予即时的回应，对企业的排污行为进行有效监管，对于环保组织的治理给予相关帮助。企业可以通过对话机制告知公众真实的企业信息，减少公众由于信息的获取不全面而发生环境群体性事件，并与环保组织协作，参与公众协同治理。公众和环保组织则可以通过对话机制平台监督政府和企业的行为，提出自身诉求并参与政策的制定和实施。合理有效的对话机制可以使生态环境协同治理过程变得透明，推动生态环境协同并更好地服务于生态文明建设的实践。

第二节　跨区域生态环境治理的对策

一、健全跨区域环境污染治理的法律法规

做好跨区域环境污染治理工作，需要更加完善的法律体系来保障。制定的法律法规必须具有针对性、可操作性和时效性，这样才能更好地推进跨区域环境污染治理的顺利开展。

首先，逐步建立起一整套相互协调、相互补充的跨区域环境污染治理制度体系。该体系不仅包括国家的法律法规，也包括具体管理的各项规章制度，并通过相关法律法规的制定，厘清政府、企业及其他社会组织和公民个人三大治理主体在跨区域环境污染治理中的权利与义务、范围及职能权限，明确规定在跨区域环境污染治理中的社会组织的设立要件、构成要素、运营机制以及治理角色，理顺多元协作治理主体与政府间的关系，为跨区域环境污染治理提供法律支撑和保障。区域性环境污染治理法律法规，可以根据《中华人民共和国环境保护法》等有关法律，通过国务院制定相关保护条例的方式来实现。《中华人民共和国环境保护法》第20条规定："国家建立跨行政区域的重点区域、流域环境污染和生态破坏联合防治协调机制，实行统一规划、统一标准、统一监测、统一的防治措施。"这一规定从法律上为建立区域性环境污染治理协同执法机制提供了支持和保障。立法过程中应注意区域环境污染治理法律法规间的协调，新制定的法规必须与已经出台

的区域性法规的内容相衔接。同时，对参与协作治理相关社会组织的自治与自律规则及时进行清理和完善。一方面，对过时或与国家法律相冲突的规章制度及时进行清理；另一方面，政府应对社会组织进行培育和引导，尤其是帮助社会组织发展其自身的自治和自律规则，而且社会组织自身亦应不断完善其行业自律理念，加强内部监管，更新自身的服务目标，敢于主动承担其社会责任。

其次，严格落实环境执法，推进环境治理的法制化建设。

法律规范必须得到有效执行才能保障区域环境污染治理的效果，依法行政，加快推行环境执法责任制度、评议考核制度。加强跨区域联合执法，建立跨区域环境污染治理的联合执法制度，加强行政区域之间、行政部门之间的执法合作，鼓励多元社会主体参与环境执法，推进综合执法。同时要对环境治理中权力的运行进行监督，逐步建立起环境执法的监督制约机制，使廉政建设法制化。对未能履行治污职责或治理不作为问题，建立必要的法律约束程序。提升执法队伍的综合素质，对执法人员进行基本技能与知识的培训，提高其业务能力与执法水平，创建新型执法小组，加强执法人员基本素养。

再次，充分发挥环境司法的功能。环境司法是环境保护的最后一道法律防线。长期以来，由于环境污染问题具有涉及面广、专业性强等特点，加之一些地方政府重经济发展轻环境治理，导致大量的环境污染行为无法进入司法程序，环境司法无法发挥应有的保驾护航作用。强化司法对区域环境污染治理的保障作用，要推进环境司法的专门化以及设置跨区域的环境审判机构。推进环境司法的专门化，需要在区域内各地方建立和规范环保法庭，建设专业化的审判队伍，并建立环保法庭与环保部门、公安机关、检察机关协同作战的联动机制，这样能够强化环境司法的能动性。跨区域环境审判机关的设置，可以有效防止地方保护主义，保持环境司法的独立性，提高环境司法的公信力。

二、完善跨区域环境治理机制

实现跨区域环境污染治理最核心的要务就是要打破原有的治理机制，突破原有的治理模式，通过建立多层次的合作治理结构，完善生态补偿机制，健全沟通机制等来优化治理结构，形成政府主导、多元协作、统筹合作的跨区域环境污染治理结构，实现政府、企业及社会组织、社会公众等多元治理力量的统筹协作、和谐共生，促进生态环境系统乃至人与自然的可持续发展。治理机制是跨区域环境污染协作治理运行的载体和通道，它的不完善直接影响治理的成效。因此，跨区域环境污染协作治理的正常运行尤其需要一个完善的机制系统，才有助于提高环境治理的绩效。

（一）建设多层次合作治理结构

当地方组织协同管理区域公共事务时，协调力为保障协作机构施展有重大影响。首先是把它将位于相同水平的地方政府直接进行接洽与交流，依据层级体系实行的区域环境整治（由上至下的指导督促和由下至上的请教报告）。区域政府的计划安排务必立足于四方面，分别是：跨区域合作组织体系，而不是政府层次的新设计；项目建设的整合组织结构，而不是政府层次的权利划分；各地区的整体行为活动，而不是政府层次的责任分化；地区共荣的治理模式，而不是政府层次的统治结构。国家级别和省级建设区域性环境污染治理的协作组织用国务院或者其他相关部门的名称，额外建设区域协调司，专门掌管跨区域环境治理的相应任务，明晰跨界交叉执法体系。除了国家级别的协调治理组织之外，与区域环境有关的省市需协同设立省际环境治理协调组织。此组织立足于现有省际联席会议，深入细化成立环境方面的专项小组，小组经各种职能部门构成多级别的系统协调组织结构。

（二）完善生态补偿机制

构建生态补偿机制成为保障生态功能区建造的条件。不管是生态区，还是非生态区的人民的发展权均为同等的。国家为了保证宏观上经济、社会与生态效益的最大化，划分了各种的功能区，同时分别拟定了相关的改进开发、核心开发、控制开发、抑制开发的策略。为确保功能区计划的贯彻落实，应制定相关的生态补偿机制。假如失去生态补偿制度安排，控制开发、抑制开发区域则将采取"博弈"举动，致使"限、禁"失去效用。

构建合理的生态补偿机制能够控制生态环境损耗。生态环境的容量并非是无限的，过度损耗生态环境将使其遭受破坏。构建合理的生态补偿机制，对生态环境过度消费实行收费，将其设为生态补偿的资金，使生态消耗者的消耗资金内部化、规范化、硬性化，可以有效地控制环境消耗者对生态环境的超损耗。

构建合理的生态补偿机制不仅能够引发保护环境的行为，而且能够让生态环境保护获得补偿，从而促使其自觉实行对环境的保护，有利于生态环境的持续保护。在创建生态环境保护长期有效体系的同时，还能够提高生态产品的生产与供给水准。

　　明确补偿主体。国家、地方政府、企业或是个人等均能够成为补偿主体，更有可能出现多个主体的情况，情况较为繁杂。由于社会环境与当地情况等各种因素，导致补偿主体较为模糊，因此一定明确补偿主体，对于多个主体的情况则需要对责任进行量化处理。

　　明确受益主体。眼下仍具有补偿模糊化等问题的存在，没能够对真正受损的对象实行补偿。因此，应该明确受益主体，当存在多个受损主体时，将利益量化处理，而存在多个受损层面时，需要对各个层面进行整体考虑。

　　补偿标准体系化。生态环境在受损之后所造成了多方面的影响，影响因素亦较多。而目前的补偿制度仅为一个单一的经济数量，而且通常按照人数来实行分配，缺少了对受损程度的考虑。补偿的标准应该按照具体环境因素与受损程度细化，再以此为依据进行差异性补偿，同时还规定补偿主体仅用于社会重建、生态修复与经济发展层面。

　　补偿模式多样化。眼下的补偿机制多为政府财政支付，部分采用一次性补偿与税赋减免等补偿制度。补偿方式应该多元化，为了防止该方式在选择上过于随意，还应该拟定相应的实施措施，使得补偿方式规范化、合理化。

　　确保补偿用于生态修复。眼下，生态补偿多数运用在生活、搬迁、发展等层面，用于在生态修复与经济发展层次的补偿较少。因此需要对生态补偿的运用实行有效约束，让部分补偿运用在生态修复。与此同时，还需要拟定有效的监督管理制度。确保生态补偿满足规范化发展要求。从目前发展状况来看，国内各个地区不断对生态补偿制度建设投以较高关注度，目前已经完成中央森林生态补偿基金制度、水资源生态补偿制度、重点生态功能区转移支付制度等建设任务。后续发展过程中，一方面需要结合实际发展状态，不断对相关制度进行调整，使其满足完善性发展要求；另一方面以顶层制度为核心，使机制效用可以充分发挥出来，同时确保生态补偿机制条例带有显著的法规性特征。必要情况下，可以制定相应法律政策，尝试从法律角度入手，肯定生态补偿机制的重要性，划分明确岗位责任意识，共同为满足生态补偿机制所提出的制度性、法治性需求创造良好基础条件。

　　确保生态补偿机制带有显著的标准化特征。采取有效措施，完成科学的生态价值评估机制建设，包括开展多层次计算活动，有针对性地制定补偿标准，提高生态补偿标准体系建设力度。根据"指数化"标准，对上限下限进行调整，包括对变量因素的掌控，避免因素变化过于随意。采取有效措施，尽快完善评估机制，并开展动态性信息评估活动，逐步建立以生态补偿为核心的信息发布制度，确保生态补偿机制所具备的效益评估特征充分体现出来。其中，较为关键的即是对经济社会发展评估体系进行深入研究，使经济社会发展评估体系中包含资源损耗、环境污染等方面问题，共同为促进生态文明建设发展打下坚实基础。

确保生态补偿机制带有显著动态性发展特征。从实际发展状况来看，生态损害需要一段较长周期才能真正修复。相关发展阶段内，生态环境损害所具备的消极影响也需要一段时间才能体现。所以，生态补偿制度想要实现科学发展目标，首先要保持动态发展状态，及时将生态修复成本发展趋势全面体现出。从中我们不难看出，社会已经对生态文明建设提出较高要求，想要实现可持续发展目标，首先即是要解决人与自然和谐发展相关问题。

（三）打通沟通互动的机制

通过开展沟通交流活动，政府搜集有效信息，对自身意愿进行全面表达，进而获取其他选择性信息，共同为开展沟通交流活动打下坚实基础，同时打造良好的"伙伴"发展关系。所谓"伙伴"关系主要是指一种治理工具，其自身带有显著的整体性特征。对于形成以需求为核心的整体主义因素而言，影响作用相对较为关键。沟通机制建设的最终目标即是确保政府之间的交流需求得到全面满足，为其创造良好谈判、交流平台，地方政府在有需求的情况下，持续与政府进行沟通。利用现代数字化技术，提升通信便利性。通过会议举办、座谈会召开等方式，及时了解不同地区的环境污染状态。在不断完善信息通报机制状态下，确保相关预警体系满足健全性发展要求。从实际状况来看，沟通交流机制不仅有助于地方与中央政府之间进行交流，同时对政府公民之间的有效对话也起着关键性影响。具体发展阶段内，应当归纳采取有效措施，对公民参与积极性进行全面调动，同时打造健全的环境保护机制。不可否认，单纯依靠政府发挥作用，很难实现环境保护发展目标，应当采取有效措施，要求群众积极参与到相关发展阶段内，在充分履行自身权益与义务基础上，避免自身所具备的合法权益受到极大不良影响。

三、加快体制转变

（一）运行协作体制的深化

任何整体性都包含多样性特征，实际发展阶段内，应当采取有效措施，避免多样性彻底掩盖了整体性特征。

实际发展阶段内，需要形成一种多元论哲学，在相对开放环境下，以更大的团队目标为核心，确保自身地位不受影响。采取有效措施，避免整体性特征遭到严重破坏，整个过程中，需要降低两极分化问题所引发的不良影响。通过相互了解、相互沟通，共同为满足自身发展需求打下坚实基础。开展整体性战略实施活动，地方政府不再单一地履行中央政府命令，而是采用简单兼并方式，完成行政组织机制建设。同时也不是随意地开展政府协调活动，以跨区域环境治理目标为基础，确保协作机制效用可以充分发挥出来。以合作战略为核心，彼此间相互促进、共同发展。所谓跨行政区环境治理并不是简单地将环保类型工作叠加起来，也不是同时在相关区域范围内开展环保类型活动，而是应当针对区域内实际发展状况，有针对性地全面推进相关工作。如果存在污染问题，则应当以导向工作为核心，在深入开展合作活动基础上，确保协作机制效用可以充分发挥出来。在不满足协议与合作机制完全一致情况下，相关问题产生概率也会持续降低。在如此复杂的发展环境内，需要结合实际发展状况完成发展政策制定，确保存在问题可以得到全面解决。从目前发展状况来看，政策协调机制建设需要包括以下几方面内容：首先，在区域间进行产业结构布局建设，确保区域经济发展需求得到全面满足，针对区域内产业污染状况进行有针对性调整，同时对区域经济与社会发展关系进行全面管理。只有在确定产业布局满足实际发展要求情况下，才能从根本角度入手，确保存在的相关问题得到全面解决，其中包括区域环境污染等方面问题。其次，结合实际发展状况，完成相应发展战略制定，以区域环境保护为核心，提高控制质量管理水平，为实现环境综合竞争发展目标创造良好基础条件。

（二）财政体制改革的深化

打造健全财政机制，确保地方政府所具备的公共服务能力可以得到全面提升。通过制定科学财务制度，使有偿使用制度与生态环境补偿机制效用都可以充分发挥出来。各地政府并未在环境治理工作开展过程中保持良好积极性，始终处于被动工作状态，应当从最初的"要我治污"发展为"我要治污"阶段，并制定明确的岗位权责划分机制。从实际发展状况来看，以传统观念转变为核心，政府提供强大的财政支持力度才能确保自身心态得到全面转变。但是，现阶段无论是地方还是中央政府，都存在较为严重的资金不足等方面问题。而环境保护事业自身带有显著的投资需求量大，且收益慢等特征，所以，在严重脱离政府支持情况下，跨区域环境治理目标将无法最终实现。在跨区域环境治理工作开展阶段内，应当秉承"谁污染、谁治理"发展理念，相关费用需要由责任人进行承担。对于政府而言，其自身工作过程中应当履行环境保护责任。实际发展阶段内，不仅要采用强制性管理措施，同时也应当确保财政投入与支持力度可以全面发挥出来。不可否认，政府也应当对企业及非政府组织机构参与环境保护活动进行全面调动，在满足相关条件情况下，环保经费也要向教育经费一样，单独存在于财政预算开支科目中，共同为实现环境污染治理与保护目标创造良好基础条件。

（三）官员考核体系与责任追究制的深化

从目前发展状况来看，官员在社会政治经济发展过程中所发挥的影响作用相对较为关键。想要确保官员行为发生改变，首先要对其理念进行有效控制。对于我国而言，只有官员问题解决，其他问题才能够迎刃而解。现阶段，我国所打造的环境问责机制并不完善，出现问题也不能找到具体的责任人。从根本角度分析，地方政府行为受人为因素的控制，其往往代表地方官员的实际价值取向。大部分政府官员参与工作的最终目标都是为了自身的名誉、权利、地位、收入得到全面保障。所以，只有打造完善的奖惩机制，才能确保存在的官员问题得到全面解决。一方面，尝试从价值取向角度入手，对官员责任感进行全面培养，使其成为一名合格的人民公仆。适当进行个人信息公开，如财产信息等，使政府官员能够在阳光下工作。采取有效措施，确保社会监督机制效用可以充分发挥出来。另一方面，量化考核指标建设所发挥的影响作用相对较为关键。以习近平新时代中国特色社会主义思想为核心，确保政绩观带有显著的全面性、规范性特征。采取有效措施，将环境资源保护所具备的相关作用充分发挥到干部考核活动开展阶段内。

此外，打造健全的岗位问责机制。受经济发展因素影响，很多政府官员未能对环境保护工作开展所具备的实际效用投以较高关注度，过分强调经济发展重要性，导致以牺牲环境为核心，获取经济发展水平的全面提升。通常情况下，只有惩罚机制足够完善，才能够对相关行为起到一定控制作用。做到违法必究，提高政府官员对环境保护工作开展的重视程度。

（四）环境污染纠纷机制的深化

1.诉讼机制的完善

应当从诉讼机制角度入手，确保存在问题可以得到全面解决。首先，成立专业性诉讼机构。由于环境污染问题日趋严重，为了确保相关问题可以得到全面解决，可以参考铁路所采取的管理模式，尝试建立环境污染救济法院，使存在的问题可以得到全面解决。其次，提高相关工作效率，尽量控制不良因素对受害者所产生的实际影响。同时为实现区域稳定发展目标打下坚实基础。再次，制定科学的案件收费标准。针对跨区域环境污染案件中，由于受害者始终处于弱势发展地位，所以可以考虑使污染方预付相应资金。待庭审结束后，相关受理费用则由败诉方承担。

2. 非诉讼解决机制的完善

非诉讼解决机制在纠纷问题处理过程中往往具备十分关键的影响作用，相关理念基本满足现代社会发展要求。

建立跨区域环境污染纠纷仲裁机制。我国仲裁制度自身带有显著的高效性、灵活性特征，自身发展过程中，其已经逐步成为纠纷问题解决过程中的最佳方式。采取有效措施，将区域环境污染纠纷案件转移到仲裁单位处理，安排专业工作人员，受理特殊性侵权案件，并从根本角度入手，确保司法制度的不完善性特征得到有效填充。

建立跨区环境污染保险制度。从受害者权益保护角度入手，只有受害者损失能够得到相应培养情况下，才能够确保环境污染问题得到全面解决。但是。由于是跨区域的污染问题，所以其包含相对较大范围，同时可以对各方利益产生较为显著影响作用。一旦受害人数全面提升，势必导致赔偿压力持续增加，如果超过了加害人所能承担的极限值，势必对社会和谐发展状态造成极大不良影响。另一方面，如果企业无法承担相应经济压力，势必导致破产问题形成，相关因素将阻碍企业快速发展。尝试打造完成保险制度，充分参考国外成熟发展经验，使更多的企业人愿意缴纳保险金，将相关风险转移给保险公司共同承担。整个过程中，其可以对受害人权益进行全面保护，但由于我国暂未制定相关制度，想要解决环境纠纷问题，则必须参考国外先进制度，使打造的保险机制满足健全性发展要求。

建立环境公益基金制度。跨区域环境污染自身带有一定潜伏性特征，对于受害人而言，即便得到了经济赔偿，但其依然承担了很大精神方面的压力。为了对不良影响作用进行全面控制，我们能够尝试采用环境彩票发行方式，或利用社会捐款确保区域环境污染治理工作所具备的公益性特征可以全面体现出来。

参 考 文 献

[1] 王华春,平易,崔伟.地方政府财政环保支出竞争的演化博弈分析[J].重庆理工大学学报（社会科学）,2020,34(1):34-42.

[2] 安亮.协同发展与有效治理——京津冀污染防治的制度优化[J].中国环境管理干部学院学报,2019,29(6):53-55,68.

[3] 李宁.协同治理:农村环境治理的方向与路径[J].理论导刊,2019(12):78-84.

[4] 任恒.埃莉诺·奥斯特罗姆自主治理思想研究[D].吉林大学,2019.

[5] 顾天翊.产业扶贫的减贫实现:理论、现实与经验证据[D].吉林大学,2019.

[6] 郭钰.跨区域生态环境合作治理中利益整合机制研究[J].生态经济,2019,35(12):159-164.

[7] 吴晓英,朱永利.国外多元协同环境治理研究综述[J].重庆科技学院学报（社会科学版）,2019(06):26-29.

[8] 罗志高,杨继瑞.流域生态环境协同治理国际经验及其借鉴[J].重庆理工大学学报（社会科学）,2019,33(10):27-34.

[9] 邓小云.推进黄河流域协同大治理[N].中国环境报,2019-10-15(3).

[10] 黎元生,胡熠.流域系统协同共生发展机制构建——以长江流域为例[J].中国特色社会主义研究,2019(5):76-82.

[11] 郭珉媛,牛桂敏,杨志.京津冀水环境协同治理的实践与经验[J].环境保护,2019,47(19):51-55.

[12] 罗福周,李静.农村生态环境多主体协同治理的演化博弈研究[J].生态经济,2019,35(10):171-176,199.

[13] 杨光明 , 时岩钧 . 基于演化博弈的长江三峡流域生态补偿机制研究 [J]. 系统仿真学报 ,2019,31(10):2058-2068.

[14] 魏娟 . 榆林市生态环境协同治理研究 [J]. 榆林学院学报 ,2019,29(05):54-58.

[15] 彭本利 , 李爱年 . 流域生态环境协同治理的困境与对策 [J]. 中州学刊 ,2019(09):93-97.

[16] 吴伟华 . 余杭海宁两地开启生态环境协同治理 [J]. 杭州 (周刊),2019(33):60.

[17] 乔永平 , 吴宁子 . 镇江生态文明建设协同治理的实践探索 [J]. 中国林业经济 ,2019(5):128-133.

[18] 包晓斌 . 京津冀区域生态环境协同治理路径 [J]. 中国发展观察 ,2019(16):49-50.

[19] 张婷 , 路斐 . 长江经济带生态环境保护法律机制构建的学理基础 [J]. 重庆行政 ,2019,20(4):55-58.

[20] 陈宇 , 闫倩倩 , 王洛忠 . 府际关系视角下区域环境政策执行偏差研究——基于博弈模型的分析 [J]. 北京理工大学学报 (社会科学版),2019,21(5):56-64.

[21] 李寒娜 . 基于利益协同的我国区域生态环境协同治理研究 [J]. 郑州轻工业学院学报 (社会科学版),2019,20(3):36-42.

[22] 沈菊琴 , 杨钰妍 , 高鑫 , 等 . 治理修复视角下的水源地生态补偿利益均衡分析 [J]. 资源与产业 ,2019,21(4):28-35.

[23] 杨挺 . 基于社会生态系统理论的化工园区生态化研究 [D]. 大连理工大学 ,2019.

[24] 王轶峤 . 面向全生命周期的矿产资源开发生态补偿机制研究 [D]. 北京科技大学 ,2019.

[25] 王宇灵 . 基于多元主体博弈的甘肃省环境污染责任保险发展研究 [D]. 兰州财经大学 ,2019.

[26] 温薇 . 黑龙江省跨区域生态补偿协调机制研究 [D]. 东北林业大学 ,2019.

[27] 薛从楷 . 河水治理中环境保护税的作用分析 [D]. 江西财经大学 ,2019.

[28] 李明州 . 北部湾经济区生态环境协同治理问题研究 [D]. 广西师范大学 ,2019.

[29] 刘娟 . 跨行政区环境治理中地方政府合作研究 [D]. 吉林大学 ,2019.

[30] 孔凯 . 地方政府协同治理大气污染问题研究 [D]. 长春工业大学 ,2019.

[31] 邢杰冉 . 京津冀生态环境协同治理 5 年结硕果——永定河上游 2019 年实现通水 [C].// 廊坊市应用经济学会 . 对接京津——战略实施协同融合论文集 . 廊坊市应用经济学会 : 廊坊市应用经济学会 ,2019:42-45.

[32] 赵文恺 . 演化博弈视角下生态文明建设利益协调研究 [D]. 南京大学 ,2019.

[33] 于鸿天 . 中国参与世界环境治理的角色定位与路径选择 [D]. 山东大学 ,2019.

[34] 燕军 , 王宁初 , 栾忠恒 . 生态文明建设中多元主体协同治理的探究 [J]. 智库时代 ,2019(20):257-258.

[35] 王倩 . 基于交易成本理论的海洋生态环境保护政策制定研究 [D]. 上海海洋大学 ,2019.

[36] 扎西巴姆 , 魏欣 . 京津冀非公经济生态环境治理的法律对策 [J]. 河北企业 ,2019(5):143-144.

[37] 周志泉 . 鄱阳湖跨行政区生态治理研究 [D]. 南昌大学 ,2019.

[38] 顾军正 . 利益相关者视角下养护型海洋牧场协同治理研究 [D]. 浙江海洋大学 ,2019.

[39] 刘祎鹏 . 协同视阈下地方政府跨部门环境治理研究 [D]. 郑州大学 ,2019.

[40] 吴振其 . 基于协同学理论的雄安新区与周边地区协同发展研究 [D]. 燕山大学 ,2019.

[41] 李丽红 , 宋剑 , 刘志广 , 等 . 基于承载力评价的京津冀生态环境协同治理研究 [J]. 邢台职业技术学院学报 ,2019,36(2):59-63.

[42] 周苗苗 . 城市群大气污染协同治理的行为研究 [D]. 电子科技大学 ,2019.

[43] 李聪 . 县域工矿企业污染政府治理研究 [D]. 长安大学 ,2019.

[44] 周林意 . 长三角区域大气污染协同治理的瓶颈与破解路径 [J]. 宁波经济（三江论坛）,2019(4):24-27.

[45] 徐自强 , 赵焱鑫 . 网络协同 : 基于多元主体的环保长效治理机制探索——以 S 省 H 市为例 [J]. 山东行政学院学报 ,2019(2):7-15.

[46] 李寒娜 . 跨区域环境协同治理研究述评与展望 [J]. 河南财政税务高等专科学校学报 ,2019,33(2):31-34.

[47] 潘鹤思 , 柳洪志 . 跨区域森林生态补偿的演化博弈分析——基于主体功能区的视角 [J]. 生态学报 ,2019,39(12):4560-4569.

[48] 刘瑾 . 煤炭企业选择性环境信息披露研究 [D]. 中国矿业大学 ,2019.

[49] 战强 . 空间治理视角下的"三区三线"划定研究 [D]. 哈尔滨工业大学 ,2019.

[50] 周潮洪 , 张凯 . 京津冀水污染协同治理机制探讨 [J]. 海河水利 ,2019(1):1-4.

[51] 杜梦渊 . 多层治理视角下的欧盟北极政策研究 [D]. 上海社会科学院 ,2019.

[52] 崔丹 , 吴昊 , 吴殿廷 . 京津冀协同治理的回顾与前瞻 [J]. 地理科学进展 ,2019,38(1):1-14.

[53] 闫福增 . 区域环境协同治理的体制匹配精准性研究——以山西临汾环境数据造假案为例 [J]. 哈尔滨市委党校学报 ,2019(1):37–41.

[54] 罗志高 , 杨继瑞 . 长江经济带生态环境网络化治理框架构建 [J]. 改革 ,2019(1):87–96.

[55] 何玮 , 曾晓彬 . 跨域生态治理中政府 "不合作" 现象分析及完善路径 [J]. 管理研究 ,2018(1):1–19.

[56] 胡美灵 . 污染驱动型农村环境群体性事件协同治理的困境及其超越 [J]. 中南林业科技大学学报（社会科学版）,2018,12(6):1–7+12.

[57] 司林波 . 跨行政区生态环境的协同治理 [N]. 中国社会科学报 ,2018–12–05(8).

[58] 徐莉婷 , 叶春明 . 基于演化博弈论的雾霾协同治理三方博弈研究 [J]. 生态经济 ,2018,34(12):148–152.

[59] 袁佳杭 . 邯郸市城中村生态环境治理困境及对策研究 [D]. 燕山大学 ,2018.

[60] 张红兵 , 张淑莲 . 论京津冀生态环境协同发展的问题与对策 [J]. 河北青年管理干部学院学报 ,2018,30(6):84–89.

[61] 贺菊花 . "长三角城市群" 水环境治理的地方政府协同机制研究 [D]. 东南大学 ,2018.

[62] 赵丹丹 . 协同治理视角下的河长制研究 [D]. 郑州大学 ,2018.

[63] 罗钧豫 . 多元共治视角下的生态环境治理对策研究 [D]. 华南理工大学 ,2018.

[64] 梁文君 . 京津冀生态环境协同治理的法制保障研究 [J]. 法制博览 ,2018(27):8–10.

[65] 李冠杰 , 李荣娟 . 区域生态环境协同治理理论阐释 [J]. 法制博览 ,2018(27):40–41.

[66] 朱新林 , 曹素芳 , 陆豪 . 小城镇多元小集体协同治理的行动逻辑——以湖北省武汉市凤凰镇生态治理为例 [J]. 湖北社会科学 ,2018(6):72–78.

[67] 张强 , 冯悦 , 张晋 , 等 . 生态合作中监管机制与地方政府演化博弈分析 [J]. 环境科学与技术 ,2018,41(8):199–204.

[68] 张建伟 , 谈珊 . 我国城市环境治理中的多元共治模式研究 [J]. 学习论坛 ,2018(6):83–90.

[69] 蒋毓琪 . 浑河流域森林生态补偿机制研究 [D]. 沈阳农业大学 ,2018.

[70] 李代明 . 地方政府生态治理绩效考评机制创新研究 [D]. 湘潭大学 ,2018.

[71] 贾一凡 . 区域生态环境治理的域内外法律制度比较研究 [D]. 河北大学 ,2018.

[72] 李平衡 . 农业生态资源资本化运营及其政策需求研究 [D]. 中南财经政法大学 ,2018.

[73] 李雅莉 . 城乡一体化进程中的城乡协同治理研究 [D]. 武汉理工大学 ,2018.

[74] 杨树燕.基于协同治理视角的"河长制"探析 [D]. 河南师范大学 ,2018.

[75] 戚倩颖.公众参与对环境规制的影响研究 [D]. 中国地质大学 (北京),2018.

[76] 刘晓文.基于协同治理的城市生态文明建设路径研究 [D]. 郑州大学 ,2018.

[77] 房引宁.流域综合治理 PPP 项目核心利益相关者利益诉求与协调研究 [D]. 西北农林科技大学 ,2018.

[78] 乔颖丽 , 王馨玮.京津冀生态协同发展的跨域治理模式与机制——基于生态环境支撑区的视角 [J]. 南方农村 ,2018,34(2):27-31,40.

[79] 邓纲 , 许恋天.我国流域生态保护补偿的法治化路径——面向"合作与博弈"的横向府际治理 [J]. 行政与法 ,2018(4):44-51.

[80] 汤雅茹.太湖流域生态治理主体多元化的体系构建 [D]. 苏州大学 ,2018.

[81] 周伟.生态环境保护与修复的多元主体协同治理——以祁连山为例 [J]. 甘肃社会科学 ,2018(2):250-255.

[82] 尚辉辉.地方政府对跨区域环境污染治理对策研究 [D]. 青岛大学 ,2017.

[83] 冯建生.京津冀重污染区域环境协同治理的法律保障研究 [J]. 天津行政学院学报 ,2017,19(6):79-86.

[84] 赵树迪 , 周显信.区域环境协同治理中的府际竞合机制研究 [J]. 江苏社会科学 ,2017(6):159-165.

[85] 舒霖.水源地生态补偿机制研究 [D]. 南京师范大学 ,2018.

[86] 梁亮.海洋环境协同治理的路径构建 [J]. 人民论坛 ,2017(17):76-77.

[87] 金华.长三角地区雾霾府际协作治理路径研究 [D]. 江苏师范大学 ,2017.

[88] 中国支付清算协会.协同治理、规范发展打造良好、可持续的支付生态环境 [N]. 金融时报 ,2017-04-13(5).

[89] 李君.我国农村生态环境的协同治理机制创新 [J]. 农业经济 ,2016(12):17-18.

[90] 齐晓梦.京津冀生态共建共享的市场机制研究 [D]. 河北工业大学 ,2016.

[91] 邹庆华.生态环境协同治理中公民生态意识的培育 [J]. 哈尔滨工业大学学报（社会科学版）,2016,18(5):115-120.

[92] 曹飞飞.基于演化博弈的煤炭矿区复合生态系统管理调控机制研究 [D]. 山东师范大学 ,2016.

[93] 李礼 , 孙翊锋.生态环境协同治理的应然逻辑、政治博弈与实现机制 [J]. 湘潭大学学报（哲学社会科学版）,2016,40(3):24-29.

[94] 陶儒林 . 广西北部湾近海生态环境保护的协同治理研究 [D]. 广西大学 ,2016.

[95] 董树军 . 城市群府际博弈的整体性治理研究 [D]. 湖南大学 ,2016.

[96] 赵美珍 . 长三角区域环境治理主体的利益共容与协同 [J]. 南通大学学报（社会
科学版）,2016,32(2):1-7.

[97] 李惠茹 , 杨丽慧 . 京津冀生态环境协同保护 : 进展、效果与对策 [J]. 河北大学学
报（哲学社会科学版）,2016,41(1):66-71.

[98] 邹骏 . 生态现代化理论视角下的苏南生态文明建设研究 [D]. 江南大学 ,2015.

[99] 孙忠英 . 基于协同治理理论的区域环境治理探析 [J]. 环境保护与循环经
济 ,2015,35(9):18-21.

[100] 王宏斌 . 制度创新视角下京津冀生态环境协同治理 [J]. 河北学刊 ,2015,35(5):125-129.

[101] 常建忠 . 基于法经济学视角的"以煤补水"的生态补偿机制研究[D].山西财经大学,2015.

[102] 曹姣星 . 生态环境协同治理的理想之境与现实之困——基于协同主体的角色定
位分析 [J]. 社科纵横 ,2015,30(6):85-89.

[103] 王喆 . 协同治理京津冀生态困局：中央政府、地方政府各负其责 [N]. 中国经济
导报 ,2015-05-16(B01).

[104] 于善波 , 李菲菲 . 区域生态环境协同治理与美丽中国建设研究 [J]. 企业技术开
发 ,2015,34(12):69-70.

[105] 曹姣星 . 生态环境协同治理的行为逻辑与实现机理 [J]. 环境与可持续发
展 ,2015,40(2):67-70.

[106] 余敏江 . 区域生态环境协同治理的逻辑——基于社群主义视角的分析 [J]. 社会
科学 ,2015(1):82-90.

[107] 丁国和 . 基于协同视角的区域生态治理逻辑考量 [J]. 中共南京市委党校学
报 ,2014(5):40-44.

[108] 余敏江 . 区域生态环境协同治理要有新视野 [N]. 中国环境报 ,2014-01-23(2).

[109] 贾莲 . 我国农村环境连片整治协同治理机制建设研究 [D]. 华中师范大学 ,2013.

[110] 杨宝强 . 我国政府间区域公共问题协同型治理研究 [D]. 广西师范学院 ,2012.

[111] 杨华锋 . 论环境协同治理 [D]. 南京农业大学 ,2011.

[112] 付薇 . 矿区生态环境综合治理协同机制与对策研究 [D]. 中国地质大学（北京）,2010.

[113] 欧阳志云 . 区域生态环境质量评价与生态功能区划 [M]. 北京 : 中国环境科学出
版社 ,2018

[114] 肖建华，赵运林，傅晓华．走向多中心合作的生态环境治理研究 [M]. 长沙：湖南人民出版社，2017.

[115] 杨华峰．后工业社会的环境协同治理 [M]. 长春：吉林大学出版社，2016.

[116] 陈瑞莲．区域公共管理理论与实践研究 [M]. 北京：中国社会科学出版社，2008.

[117] 广西北部湾经济区规划建设管理委员会.《广西北部湾经济区发展规划》解读 [M]. 南宁：广西人民出版社，2008.

[118] 中共广西壮族自治区委员会宣传部．泛北部湾经济合作 [M]. 桂林：广西师范大学出版社，2007.

[119] 韩康．北部湾新区中国经济增长第四极 [M]. 北京：中国财政经济出版社，2007.

[120] 张紧跟．当代中国政府间横向关系协调研究 [M]. 北京：国社会科学出版社，2006.

[121] 黄健荣等．公共管理学新论 [M]. 北京：社会科学文献出版社，2005.

[122] 曼瑟尔·奥尔森．集体行动的逻辑 [M]. 陈郁，郭宇峰，李崇新，译．上海：上海人民出版社，2000.